W0263312

Teubner Studienskripten Elektrotechnik

Baur,   Einführung in die Radartechnik
                   253 Seiten. DM 18,80

Ebel,   Regelungstechnik
                   4., überarbeitete Auflage
                   207 Seiten. DM 16,80

Ebel,   Beispiele und Aufgaben zur Regelungstechnik
                   2., überarbeitete Aufl. 151 Seiten. DM 14,80

Eckhardt,   Numerische Verfahren in der Energietechnik
                   208 Seiten. DM 16,80

Fender,   Fernwirken
                   112 Seiten. DM 14,80

Freitag,   Einführung in die Zweitortheorie
                   3., neubearbeitete und erweiterte Auflage
                   168 Seiten. DM 15,80

Frohne,   Einführung in die Elektrotechnik

                   Band 1 Grundlagen und Netzwerke
                   4., durchgesehene Aufl. 172 Seiten. DM 15,80

                   Band 2 Elektrische und magnetische Felder
                   4., durchgesehene Aufl. 281 Seiten. DM 18,80

                   Band 3 Wechselstrom
                   4., durchgesehene Aufl. 200 Seiten. DM 16,80

Gad,   Feldeffektelektronik
                   266 Seiten. DM 18,80

Gerdsen,   Hochfrequenzmeßtechnik
                   223 Seiten. DM 17,80

Gerdsen,   Digitale Übertragungstechnik
                   322 Seiten. DM 19,80

Goerth,   Einführung in die Nachrichtentechnik
                   184 Seiten. DM 15,80

Haack,   Einführung in die Digitaltechnik
                   4. Auflage. 232 Seiten. DM 17,80

Harth,   Halbleitertechnologie
                   2., überarbeitete Aufl. 135 Seiten. DM 16,80

Heidermanns,   Elektroakustik
                   138 Seiten. DM 14,80

Hilpert,   Halbleiterelemente
                   3., erweiterte Aufl. 184 Seiten. DM 15,80

Höhnle,   Elektrotechnik mit dem Taschenrechner
                   228 Seiten. DM 16,80

Kirschbaum,   Transistorverstärker

                   Band 1 Technische Grundlagen
                   3., durchgesehene Aufl. 215 Seiten. DM 16,80

                   Band 2 Schaltungstechnik Teil 1
                   3., durchgesehene Aufl. 231 Seiten. DM 17,80

                   Band 3 Schaltungstechnik Teil 2
                   2., durchgesehene Aufl. 247 Seiten. DM 17,80

Morgenstern,   Farbfernsehtechnik
                   2., überarbeitete und erweiterte Auflage
                   260 Seiten. DM 18,80

Morgenstern,   Technik der magnetischen Videosignalaufzeichnung
                   200 Seiten. DM 16,80

Fortsetzung auf der 3. Umschlagseite

Zu diesem Buch

Dieses Skriptum enthält den Stoff einer Vorlesung, die der
Verfasser an der Fachhochschule München für Studenten
der Elektrotechnik über die Analyse und Synthese linearer
Netzwerke und die Theorie der Leitungen gehalten hat.
Dabei werden Kenntnisse vorausgesetzt, die in den Vor-
lesungen Technische Elektrizitätslehre I und II erworben
wurden. Das Skriptum ist für Studenten an Fachhoch-
schulen und Universitäten geeignet. Es wendet sich jedoch
auch an in der Praxis tätige Ingenieure und Techniker,
die ihre Kenntnisse in der Netzwerk- und Leitungstheorie
erweitern und vertiefen wollen.

Netzwerkanalyse, Netzwerksynthese und Leitungstheorie

Von Dipl.-Phys. G. Ulbricht
Professor an der
Fachhochschule München

Mit 109 Bildern, 10 Tafeln
und zahlreichen Beispielen
und Übungsaufgaben

B. G. Teubner Stuttgart 1986

Prof. Dipl.-Phys. Gerhard Ulbricht

1935 in Olpe geboren. 1953 bis 1958 Studium der
Physik an der Humboldt-Universität Berlin. 1959
bis 1970 in der Halbleiter- und Dünnschichten-
entwicklung bei den Firmen Intermetall, Tele-
funken und Siemens. Seit 1970 Dozent, seit 1971
Professor an der Fachhochschule München.

CIP-Kurztitelaufnahme der Deutschen Bibliothek

Ulbricht, Gerhard:
Netzwerkanalyse, Netzwerksynthese und
Leitungstheorie / von G. Ulbricht. -
Stuttgart : Teubner, 1986.
  (Teubner-Studienskripten ; 110 :
  Elektrotechnik)

ISBN-13: 978-3-519-00110-2   e-ISBN-13: 978-3-322-82960-3
DOI: 10.1007/978-3-322-82960-3

NE: GT

Gesamtherstellung: Beltz Offsetdruck, Hemsbach/Bergstr.
Umschlaggestaltung: M. Koch, Reutlingen

Das vorliegende Skriptum stellt die Niederschrift einer
Vorlesung des Verfassers im Fachbereich Elektrotechnik an
der Fachhochschule München dar. Das Skriptum soll eine
Einführung in die Analyse und Synthese linearer Netzwerke
und in die Theorie der Leitungen geben. Vorausgesetzt werden Kenntnisse in der Netzwerkberechnung mittels komplexer
Rechnung und in der Berechnung von Einschwingvorgängen
mittels Laplace-Transformation. Eine Anzahl ausführlich
durchgerechneter Beispiele und Übungsaufgaben soll das
Einarbeiten in den behandelten Stoff erleichtern. Das
Skriptum wendet sich in erster Linie an Studenten von Fach-
hochschulen und Technischen Universitäten, darüber hinaus
jedoch auch an den in der Praxis tätigen Ingenieur, der
seine Kenntnisse in der Theorie der Netzwerke und Leitungen
vertiefen will.
Im Skriptum wird neben der Netzwerkanalyse, die ein gegebe-
nes Netzwerk auf seine Eigenschaften hin untersucht, besonders die Netzwerksynthese eingehend behandelt, mit deren
Hilfe Netzwerke mit bestimmten, von der Anwendung vorgegebenen Eigenschaften entworfen werden können. Im Mittelpunkt
der Betrachtungen steht dabei die Pol-Nullstellen-Darstel-
lung einer Netzwerkfunktion. Die Methode der Pol-Nullstel-
len-Darstellung einer Funktion besitzt den Vorteil, daß sie
dem Bedürfnis des Ingenieurs nach anschaulicher Behandlung
und Interpretation eines Problems entgegenkommt. Mit Hilfe
der behandelten Betriebsfiltersynthese können gewünschte
Betriebseigenschaften eines Filters optimal angenähert und
der erforderliche Schaltelementeaufwand minimal gehalten
werden. Dies kann mit Hilfe der Wellenparametertheorie,
nach der in den Filterschaltungen nur jeweils gleiche Wellenwiderstände aneinanderstoßen dürfen, nicht erreicht werden. Die Dimensionierung von Filtern wird deshalb heute gewöhnlich unter Zugrundelegung der behandelten Betriebspara-
metertheorie vorgenommen. Aus diesem Grund wurde auf die

Behandlung der Wellenparametertheorie der Filter verzichtet.
Der Abschnitt "Leitungen" ist von grundlegender Bedeutung
für die Übertragungstechnik, da die Leitung den Prototyp
eines Nachrichtenübertragungssystems darstellt.
Meinem Fachkollegen Herrn Prof. Dr.-Ing. H. Götz von der
FH München danke ich für die kritische Durchsicht des Ab-
schnittes "Digitale Filter".
Dem Verlag danke ich für wertvolle Anregungen und für die
gute Zusammenarbeit.

München, im Dezember 1985   Gerhard Ulbricht

<table>
<tr><td>Inhalt</td><td></td><td>Seite</td></tr>
</table>

Inhalt   Seite

1. Zweipole. Duale Netzwerke

1.1 Allgemeine Zweipoleigenschaften. Zweipolfunktion

1.1.1 Komplexe Frequenz

Man gelangt zu einer vorteilhaften Beschreibung des zeitlichen und frequenzmäßigen Verhaltens eines Netzwerkes, wenn man von der Kreisfrequenz $\omega = 2\pi f$, f Frequenz, zur __komplexen Frequenz__ s übergeht:

$$j\omega \longrightarrow s = \sigma + j\omega \qquad (1)$$

Die Größe s stellt die komplexe Bildvariable der Laplace-Transformation dar. Die Größe σ in (1) ist eine reelle Zahl. Der Übergang (1) von der $j\omega$-Achse in die __komplexe s-Ebene__ Bild 1 wird auch als die komplexe Erweiterung bezeichnet.
Wird ein Parallelschwingkreis, dessen Energiespeicher (Induktivität L und Kapazität C) eine bestimmte Anfangsenergie beinhalten, von der speisenden Quelle abgetrennt (leerlaufender Schwingkreis), so schwingt das Netzwerk mit seiner __Eigenschwingung__ aus. (Das gleiche gilt für einen Serienschwingkreis mit Anfangsenergie, der kurzgeschlossen wird). Der Momentanwert a(t) (t Zeit) einer Eigenschwingung der Spannung oder des Stromes in einem linearen Netzwerk hängt von der Größe der Netzwerkelemente und der Anfangsenergie in den Energiespeichern ab. a(t) kann aus einem komplexen Momentanwert $\underline{a}(t)$ hergeleitet werden, der durch

$$\underline{a}(t) = \underline{\hat{A}}e^{st} = \underline{\hat{A}}e^{\sigma t}e^{j\omega t} \qquad (2)$$

Bild 1 Komplexe s-Ebene

gegeben ist. In (2) sind $\underline{\hat{A}} = \hat{A}e^{j\alpha}$ die komplexe Amplitude und α der Nullphasenwinkel (Anfangsphasenwinkel) der Schwingung. Der physikalische Momentanwert a(t) der Schwingung ist der Realteil von $\underline{a}(t)$:

$$a(t) = \mathrm{Re}\left[\underline{a}(t)\right] = \hat{A}e^{\sigma t}\cos(\omega t + \alpha) \qquad (3)$$

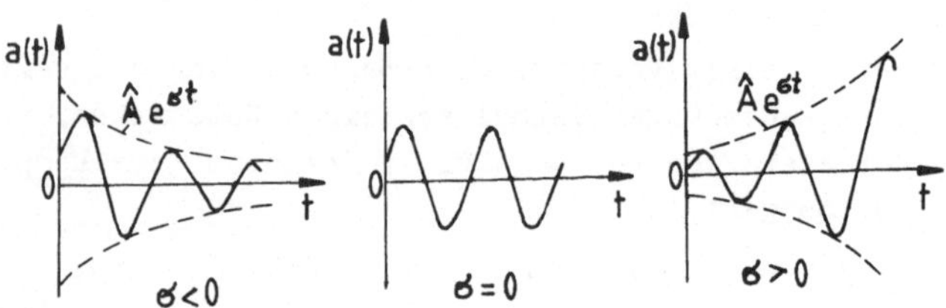

Bild 2   Zeitliche Schwingungsverläufe bei verschiedenen Kennwerten σ

In einem linearen Netzwerk ergeben sich dann gemäß Bild 2
für $\sigma < 0$ eine gedämpfte Schwingung, d.i. ein <u>Ausgleichsvor-
gang</u>, für $\sigma = 0$ eine sinusförmige (ungedämpfte) Schwingung,
d.i. der <u>stationäre (eingeschwungene) Zustand</u> und für $\sigma > 0$
eine angefachte Schwingung, d.h. <u>Selbsterregung</u> (instabiles
aktives Netzwerk).

1.1.2 Passiver und aktiver Zweipol. Starre Quellen

Als <u>Zweipol</u> (<u>Eintor</u>) wird ein Netzwerk mit zwei äußeren An-
schlußklemmen bezeichnet. Man unterscheidet passive und aktive Zweipole.

Ein <u>passiver Zweipol</u> nimmt elektrische Leistung (bzw. Energie) auf und "verbraucht" sie als Wirkleistung, falls in
ihm Wirkwiderstände (ohmsche Widerstände) R enthalten sind.
In den drei passiven <u>Netzwerkelementen</u> Wirkwiderstand R, Induktivität L und Kapazität C gelten die in der Tafel 1 dargestellten Zusammenhänge zwischen den Momentanwerten einer
sinusförmigen Wechselspannung u(t) und eines sinusförmigen
Wechselstromes i(t) der Kreisfrequenz ω und zwischen den zu-
gehörigen komplexen Effektivwerten (Zeigern) $\underline{U} = \hat{\underline{U}}/\sqrt{2}$ und
$\underline{I} = \hat{\underline{I}}/\sqrt{2}$. Der allgemeine passive Zweipol enthält die Netzwerkelemente R, L und C in beliebiger Anordnung. Ein solcher

Tafel 1 Passive Netzwerkelemente

	Wirkwiderstand	Induktivität	Kapazität
Schaltsymbol			
Gleichung im Zeitbereich	$u(t) = Ri(t)$	$u(t) = L\,\dfrac{di(t)}{dt}$	$i(t) = C\,\dfrac{du(t)}{dt}$
Komplexe Gleichung	$\underline{U} = R\underline{I}$	$\underline{U} = j\omega L\underline{I}$	$\underline{I} = j\omega C\underline{U}$

<u>RLC-Zweipol</u> nimmt an seinen Anschlußklemmen die Wechsel-
stromwirkleistung

$$P = \mathrm{Re}(\underline{U}\underline{I}^{*}) > 0 \tag{4}$$

auf ($\underline{I}^{*}$ ist der zu $\underline{I}$ konjugiert komplexe Strom) und "ver-
braucht" sie in seinen Wirkwiderständen, d.h. er setzt die
Wirkleistung P dort in Stromwärme (Joulesche Wärme) und
Strahlung um.
Ein <u>aktiver Zweipol</u> gibt an seinen Anschlußklemmen elektrische Leistung, an einen äußeren Wirkwiderstand R also Wirkleistung P, ab. Der aktive Zweipol stellt eine <u>starre (unabhängige) Quelle</u> dar, d.i. entweder eine <u>Spannungsquelle</u>
(Urspannungs-, Ersatzspannungsquelle) oder eine <u>Stromquelle</u>
(Urstrom-, Ersatzstromquelle). Die beiden Typen starrer
Quellen sind in Bild 3 dargestellt. Die reale Spannungsquelle besitzt die beiden Kenngrößen Quellenspannung (Urspan-
nung) $\underline{U}_{o}$= Leerlaufspannung $\underline{U}_{1}$ = const und komplexer Innenwiderstand $\underline{Z}_{1}$. Die ideale Spannungsquelle hat den Innenwiderstand $\underline{Z}_{1}$ = 0. Die reale Stromquelle besitzt die beiden
Kenngrößen Quellenstrom (Urstrom) $\underline{I}_{o}$ = Kurzschlußstrom $\underline{I}_{k}$
= const und komplexer Innenleitwert $\underline{Y}_{1}$. Die ideale Stromquelle hat den Innenleitwert $\underline{Y}_{1}$ = 0 (bzw. den Innenwider-

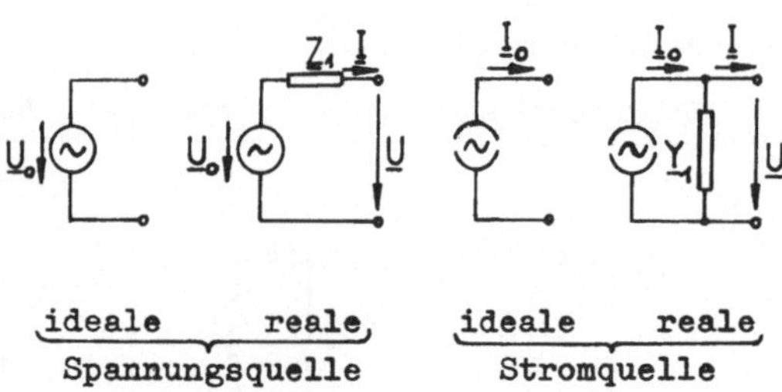

Bild 3 Starre (unabhängige) Quellen

stand ∞). Quellenspannung $\underline{U}_o$ und Quellenstrom $\underline{I}_o$ sind "__ein-geprägte__" Größen, d.h. von der Belastung der Quellen unab-hängig. Die beiden Zweipolquellen sind __äquivalent__, wenn $\underline{Y}_1 = 1/\underline{Z}_1$ bzw. $\underline{I}_o = \underline{U}_o/\underline{Z}_1$ gilt.

1.1.3 Zweipolfunktion

Enthält ein Zweipol nur lineare, d.h. spannungs- und strom-unabhängige Bauelemente (bzw. können die Krümmungen der Bau-elementekennlinien vernachlässigt werden), so wird der Zwei-pol als __linear__ bezeichnet. Für lineare Zweipole gilt der __Überlagerungssatz__: Die Wirkungen verschiedener Ursachen (Erregungen) in einem linearen Zweipol überlagern sich linear, d.h. ohne daß sie sich gegenseitig beeinflussen. Hängen die Klemmeneigenschaften eines Zweipols nicht vom (Meß-)Zeitpunkt ab, so wird der Zweipol als __zeitinvariant__ bezeichnet. (Man vernachlässigt dann z.B. die Alterung sei-ner Bauelemente). Wir betrachten im folgenden nur lineare, passive, zeitinvariante Zweipole.

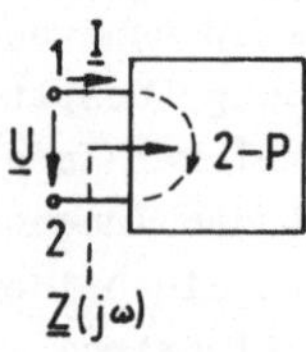

Bild 4 Allgemeiner passiver Zweipol

Die frequenzabhängige Impedanz (kom-plexer Widerstand) des linearen, pas-siven Zweipols Bild 4 ("schwarzer Ka-sten", engl. "black box", 1,2 An-schlußklemmen) ist für den Fall einer sinusförmigen Erregung mit der Kreis-frequenz ω definiert durch

$$\underline{Z}(j\omega) = \underline{U}(j\omega)/\underline{I}(j\omega) \tag{5}$$

Die drei Grundimpedanzen in einem Netzwerk sind R, $j\omega L$ und $1/j\omega C$ (vgl. Tafel 1). Die frequenzabhängige Admittanz (komplexer Leitwert) des Zweipols ist definiert durch

$$\underline{Y}(j\omega) = \underline{I}(j\omega)/\underline{U}(j\omega) = 1/\underline{Z}(j\omega) \tag{6}$$

Die drei Grundadmittanzen in einem Netzwerk sind $G = 1/R$, $1/j\omega L$ und $j\omega C$.

Verallgemeinern wir die Beziehung (5) durch den Übergang (1) so gelangen wir zur Zweipolfunktion $\underline{Z}(s)$:

$$j\omega \longrightarrow s: \quad \underline{Z}(j\omega) \longrightarrow \underline{Z}(s) = \underline{U}(s)/\underline{I}(s) \tag{7}$$

Die drei Grundimpedanzfunktionen in einem Netzwerk sind R, sL und $1/sC$ ("Operatoren"). Die Zweipolfunktion kann statt eine Impedanzfunktion $\underline{Z}(s)$ auch eine Admittanzfunktion $\underline{Y}(s) = \underline{I}(s)/\underline{U}(s)$ darstellen. Die Zweipolfunktion besitzt keine unmittelbare physikalische Bedeutung mehr, sondern sie stellt nur eine Rechenhilfe dar.

Die Zweipolfunktion $\underline{Z}(s)$ (bzw. $\underline{Y}(s)$) ist eine gebrochen rationale Funktion von s, d.h. $\underline{Z}(s)$ ist als Quotient zweier Polynome in s mit konstanten, reellen Koeffizienten a_μ, b_ν darstellbar:

$$\underline{Z}(s) = \frac{a_m s^m + a_{m-1} s^{m-1} + \ldots + a_1 s + a_0}{b_n s^n + b_{n-1} s^{n-1} + \ldots + b_1 s + b_0} \tag{8}$$

oder bei Zerlegung der Polynome in Linearfaktoren

$$\underline{Z}(s) = K \frac{(s - s_{o1})(s - s_{o2}) \ldots (s - s_{om})}{(s - s_{x1})(s - s_{x2}) \ldots (s - s_{xn})} \tag{9}$$

mit der Konstante $K = a_m/b_n$, den Nullstellen $s_{o\mu}$ (μ = 1,2, ...,m) und den Polen (Singularitäten, Unendlichkeitsstellen) $s_{x\nu}$ (ν = 1,2,...,n). Die $s_{o\mu}$ sind die Nullstellen des Zählerpolynoms (8) (Lösungen der Gleichung Zählerpolynom = 0) und die $s_{x\nu}$ die Nullstellen des Nennerpolynoms (8) (Lösungen der Gleichung Nennerpolynom = 0). $\underline{Z}(s)$ nähert sich bei hohen Frequenzen dem Wert Ks^{m-n}. Ein passiver Zweipol kann sich daher bei hohen Frequenzen nur entweder wie eine Induktivi-

tät (m-n=1), wie eine Kapazität (m-n=-1) oder wie ein Wirkwiderstand (m-n=0) verhalten. Die Grade m und n des Zähler-
und Nennerpolynoms von $\underline{Z}(s)$ unterscheiden sich also höch-
stens um 1, d.h. es gilt $\underline{m-n=0,\pm1}$.

Die Zweipolfunktion $\underline{Z}(s)$ kann gemäß Gl.(9) bis auf den konstanten Faktor K durch ihre Pole und Nullstellen in der komplexen s-Ebene eindeutig beschrieben werden. Die grafische
Darstellung der Pole und Nullstellen von $\underline{Z}(s)$ in der s-Ebene
wird als der $\underline{\text{Pol-Nullstellen-Plan}}$ ($\underline{\text{PN-Plan}}$) von $\underline{Z}(s)$ bezeichnet. Es gilt der Satz (vgl. 3.1.3):

> Die Pole und Nullstellen einer Zweipolfunktion $\underline{Z}(s)$ lie-
> gen in der linken s-Halbebene oder im Grenzfall auf der
> imaginären ($j\omega-$)Achse.

1.2 Reaktanzzweipol und Partialbruchschaltungen

1.2.1 Reaktanzzweipol. Reaktanzfunktion

Ein $\underline{\text{Reaktanzzweipol}}$ ($\underline{\text{LC-Zweipol}}$) enthält nur verlustlos an-
genommene Spulen und Kondensatoren, also reine Blindelemen-
te. Ein Reaktanzzweipol verbraucht daher keine Wirkleistung
(P = 0), sondern er setzt in seinem Innern nur induktive und
/oder kapazitive Blindleistung um.

Eine $\underline{\text{Reaktanzfunktion}}$ ($\underline{\text{Reaktanzzweipolfunktion}}$) $\underline{Z}(s)$ ist
eine gebrochen rationale Funktion von s, d.h. sie ist als
Quotient zweier Polynome in s mit positiv reellen Koeffizienten darstellbar. Aus den Nullstellen bzw. Polen von $\underline{Z}(s)$
ergeben sich die Frequenzen seiner Eigenschwingungen, das
sind die $\underline{\text{Eigenfrequenzen}}$ des Reaktanzzweipols.

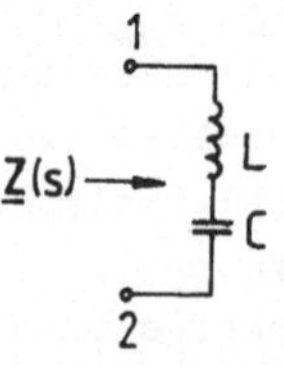

Bild 5 a) Verlustloser
Serienschwingkreis

$\underline{\text{Beispiel 1}}$: Der verlustlose
Serienschwingkreis Bild 5 a
besitzt die Reaktanz

$$\underline{Z}(j\omega) = j\omega L + \frac{1}{j\omega C}$$

und die Reaktanzfunktion ($j\omega \rightarrow s$)

$$\underline{Z}(s) = sL + \frac{1}{sC}$$

bzw.

$$\underline{Z}(s) = \frac{s^2 LC + 1}{sC}$$

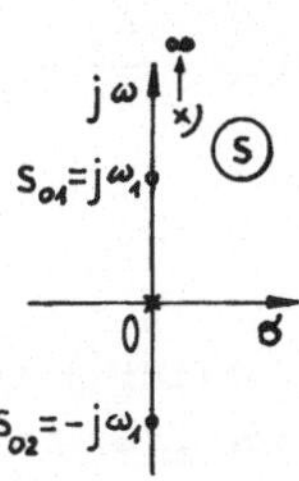

Die Nullstellen folgen aus
$s_o^2 LC + 1 = 0$, also $s_{o1,2} = \pm j\, 1/\sqrt{LC}$.
Die Eigenkreisfrequenz (Resonanz-
kreisfrequenz) ist $\omega_1 = |s_{o1,2}| = 1/\sqrt{LC}$.
Ein Pol folgt aus $s_x C = 0$, also $s_x = 0$.
Ein zweiter Pol liegt bei $s = \infty$. Der
zugehörige PN-Plan ist in Bild 5 b dargestellt (×Pol,•Nullstelle).

Bild 5 b) PN-Plan
von $\underline{Z}(s)$

Die Eigenschwingungen eines Reaktanzzweipols können wegen
der angenommenen Verlustfreiheit seiner Reaktanzen nur sta-
tionär (sinusförmig) sein. Dann muß aber $\sigma = 0$ gelten (1.1.1).
Die Pole und Nullstellen einer Reaktanzfunktion $\underline{Z}(s)$ liegen
daher auf der imaginären ($j\omega$-)Achse (einschließlich $s = \infty$).
Da die Polynomkoeffizienten von $\underline{Z}(s)$ positiv reell sind,
treten die Pole und Nullstellen von $\underline{Z}(s)$ in <u>konjugiert komplexen Paaren</u> auf der $j\omega$-Achse auf. Sie liegen außerdem bei
$s = 0$ und $s = \infty$.

1.2.2 Partialbruchschaltungen

Eine Zweipolfunktion kann als gebrochen rationale Funktion
auf genau eine Weise in eine Summe von <u>Partialbrüchen</u> zerlegt werden. Die allgemeine Reaktanzfunktion $\underline{Z}(s)$ besitzt
konjugiert komplexe Polpaare auf der imaginären Achse bei
$s = \pm j\omega_1, \pm j\omega_2,\ldots, \pm j\omega_r$. Ein solches Polpaar bei $s = \pm j\omega_i$
($i = 1,2,\ldots,r$) ist gegeben durch

$$\frac{A_i}{s - j\omega_i} + \frac{A_i}{s + j\omega_i} = \frac{2A_i s}{s^2 + \omega_i^2} \tag{10}$$

Außerdem soll je ein Pol von $\underline{Z}(s)$ bei $s = 0$ und $s = \infty$ vorkommen. Die Reaktanzfunktion $\underline{Z}(s)$ ist dann darstellbar in
der Form

$$\underline{Z}(s) = \frac{A_o}{s} + \frac{2A_1 s}{s^2 + \omega_1^2} + \frac{2A_2 s}{s^2 + \omega_2^2} + \ldots + \frac{2A_r s}{s^2 + \omega_r^2} + A_\infty s$$

$$= \frac{A_o}{s} + \sum_{i=1}^{r} \frac{2A_i s}{s^2 + \omega_i^2} + A_\infty s \tag{11}$$

Die Koeffizienten A_ν ($\nu = 0, i, \infty$) in (11) stellen die <u>Residuen</u> von $\underline{Z}(s)$ in den Polen $s = 0$, $\pm j\omega_1, \ldots, \pm j\omega_r, \infty$ dar. Sie enthalten die L- und C-Werte des Reaktanzzweipols und sind <u>reell</u> und <u>positiv</u>:

$$A_o \geqq 0 \;,\; A_i \geqq 0 \;,\; A_\infty \geqq 0 \tag{12}$$

Man kann die Werte der Koeffizienten A_ν dadurch bestimmen, daß man die rechte Seite von Gl.(11) auf den Hauptnenner bringt und dann einen Koeffizientenvergleich der Zähler durchführt.

Aus (11) folgt:

$$\frac{A_o}{s} \,\hat{=}\, \frac{1}{sC_o} \;,\quad \text{Kapazität } C_o = \frac{1}{A_o}$$

$$A_\infty s \,\hat{=}\, sL_\infty \;,\quad \text{Induktivität } L_\infty = A_\infty$$

$$\frac{2A_i s}{s^2 + \omega_i^2} = \frac{1}{\frac{1}{2A_i}s + \frac{\omega_i^2}{2A_i s}} \,\hat{=}\, \frac{1}{sC_i + \frac{1}{sL_i}} \;,\; \text{Parallelresonanzkreis}$$

mit

$$C_i = \frac{1}{2A_i} \;,\; L_i = \frac{2A_i}{\omega_i^2}$$

also

$$\omega_i = \frac{1}{\sqrt{L_i C_i}}$$

$$(i = 1, 2, \ldots, r).$$

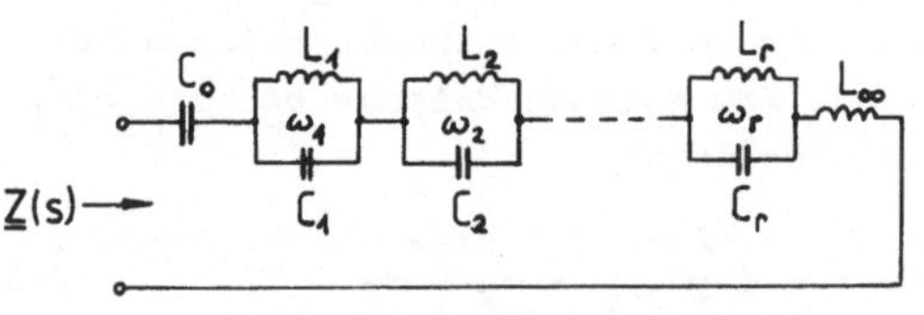

Bild 6 LC-Partialbruchschaltung, 1.Foster-Form

Die Partialbruchzerlegung Gl.(11) wird daher durch die <u>LC-Partial-</u>

<u>bruchschaltung, 1.Foster-Form</u> (Widerstandspartial-bruchschaltung) Bild 6 realisiert.

Man kann auch von der Suszeptanzfunktion $\underline{Y}(s)$ ausgehen und diese in eine Summe von Partial-brüchen zerlegen:

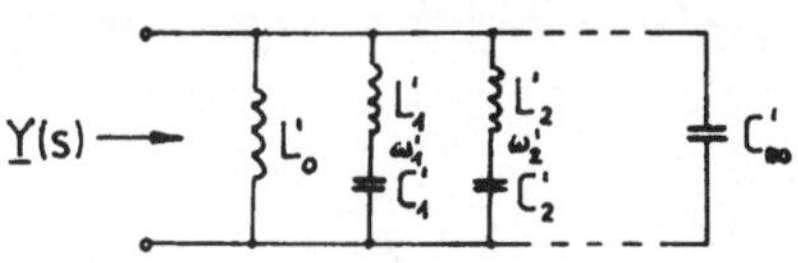

Bild 7 LC-Partialbruchschaltung, 2.Foster-Form

$$\underline{Y}(s) = \frac{A'_o}{s} + \sum_{i=1}^{r} \frac{2A'_i s}{s^2 + \omega_i'^2} + A'_\infty s \qquad (13)$$

Die Partialbruchzerlegung Gl.(13) wird durch die <u>LC-Partial-bruchschaltung, 2.Foster-Form</u> (Leitwertpartialbruchschal-tung) Bild 7 realisiert.

Aus (11) folgt:

$$\underline{Z}(-s) = - \underline{Z}(s) \qquad (14)$$

Eine Reaktanzfunktion ist also eine <u>ungerade</u> Funktion.

Der beschriebene Entwurf von Partialbruchschaltungen ist ein Beispiel für die <u>Netzwerksynthese</u>, d.i. das Aufstellen einer Netzwerkfunktion auf Grund geforderter Eigenschaften eines Netzwerks und die Realisierung dieser Funktion durch ein entsprechendes Netzwerk.

1.2.3 Reaktanztheorem

Bei stationären Schwingungen in einem Reaktanzzweipol gilt $s = j\omega$, und die Reaktanzfunktion $\underline{Z}(s)$ Gl.(11) geht wieder in die rein imaginäre Reaktanz $\underline{Z}(j\omega)$ über:

$$\underline{Z}(j\omega) = jX(\omega) = \frac{A_o}{j\omega} + \frac{j2A_1\omega}{\omega_1^2 - \omega^2} + \frac{j2A_2\omega}{\omega_2^2 - \omega^2} + \ldots + jA_\infty\omega \qquad (15)$$

Aus (15) folgt der Reaktanzverlauf

$$X(\omega) = \frac{\underline{Z}(j\omega)}{j} = -\frac{A_o}{\omega} + \frac{2A_1\omega}{\omega_1^2 - \omega^2} + \frac{2A_2\omega}{\omega_2^2 - \omega^2} + \ldots + A_\infty\omega \qquad (16)$$

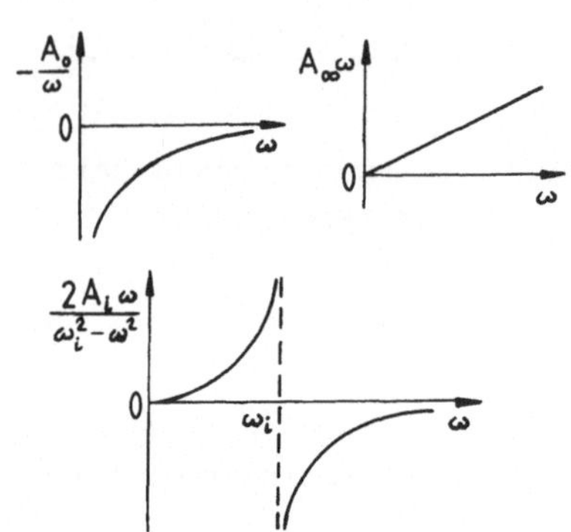

Der frequenzabhängige Verlauf der einzelnen Terme von Gl.(16) ist in Bild 8 dargestellt. Da alle diese Kurven monoton steigend verlaufen, besitzt auch die Funktion $X(\omega)$ einen grundsätzlich monoton steigenden Verlauf. Der Differentialquotient $dX(\omega)/d\omega$ ist daher stets positiv:

Bild 8 Frequenzabhängiger Verlauf
der Reaktanzterme

$$\frac{dX(\omega)}{d\omega} > 0 \qquad (17)$$

Gl.(17) beschreibt das Fostersche Reaktanztheorem (R. M. F o s t e r, 1924):

Der Reaktanzverlauf $X(\omega) = \underline{Z}(j\omega)/j$ (und ebenso der Suszeptanzverlauf $Y(\omega) = \underline{Y}(j\omega)/j$) eines Reaktanzzweipols ist bei allen Frequenzen monoton steigend.

Aus dem Reaktanztheorem folgt:

Die Pole und Nullstellen einer Reaktanzfunktion $\underline{Z}(s)$ auf der imaginären Achse wechseln einander ab.

Die Gesamtzahl der Pole einer Reaktanzfunktion ist daher gleich der Gesamtzahl der Nullstellen, wenn die Pole und Nullstellen auf der negativ imaginären Achse und bei $s = 0$ und $s = \infty$ mitgezählt werden. Die Zahl der unabhängigen Parameter A_ν, ω_i der Partialbruchzerlegung (11) ist gleich der Zahl der Reaktanzen der zugehörigen Partialbruchschaltung Bild 6 und gibt den Grad n der Reaktanzfunktion an. (Ein Polglied $2A_i s/s^2 + \omega_i^2$ z.B. ist durch zwei unabhängige Parameter, nämlich A_i und ω_i, festgelegt und wird durch zwei Reaktanzen realisiert). Es ergibt sich der Satz:

- 21 -

Der Grad n einer Reaktanzfunktion $\underline{Z}(s)$ ist gleich der Gesamtzahl der Pole __oder__ der Nullstellen von $\underline{Z}(s)$.

Man kann n unabhängige Vorschriften nicht mit weniger als n Freiheitsgraden erfüllen, z.B. n Unbekannte nicht mit weniger als n Gleichungen bestimmen oder n unabhängige Parameter einer Netzwerkfunktion nicht durch weniger als n Schaltelemente realisieren. Da die Zahl der unabhängigen Parameter einer Reaktanzfunktion gleich der Zahl der Reaktanzen der zugehörigen Partialbruchschaltung ist, kommen die Partialbruchschaltungen also mit der erforderlichen Minimalzahl von Schaltelementen aus. Schaltungen mit der Minimalzahl von Schaltelementen werden als __kanonisch__ bezeichnet. Die Partialbruchschaltungen stellen also kanonische Schaltungen dar.

__Beispiel 2:__ Eine Reaktanzfunktion $\underline{Z}(s)$ besitzt den in Bild 9 a dargestellten PN-Plan. Den zugehörigen Reaktanzverlauf $X(\omega) = \underline{Z}(j\omega)/j$ zeigt Bild 9 b. Für die Reaktanzfunktion folgt dann

$$\underline{Z}(s) = \frac{(s - s_{o1})(s - s_{o2})(s - s_{o3})}{(s - s_{x1})(s - s_{x2})}$$

$$= \frac{s(s - j2)(s + j2)}{(s - j)(s + j)} = \frac{s(s^2 + 4)}{s^2 + 1}$$

(K = 1 gesetzt), also

$$\underline{Z}(s)\Big|_{s \to 0} = 0, \quad \underline{Z}(s)\Big|_{s \to \infty} = \infty$$

Zur Ermittlung der zu $\underline{Z}(s)$ gehörigen Partialbruchschaltung machen wir den Ansatz

$$\underline{Z}(s) = \frac{2A_1 s}{s^2 + 1} + A_\infty s$$

(Grad n = 3). Dann folgt

Bild 9 a) PN-Plan
von $\underline{Z}(s)$

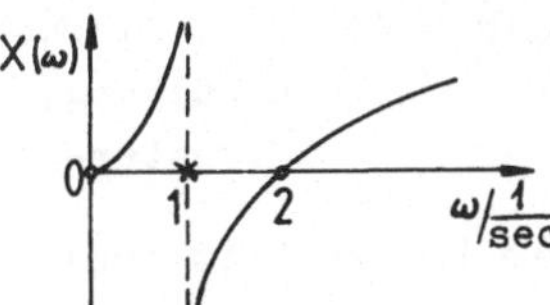

Bild 9 b) Reaktanzverlauf

$$\frac{s(s^2 + 4)}{s^2 + 1} = \frac{2A_1 s + A_\infty s(s^2 + 1)}{s^2 + 1}$$

$$s^3 + 4s = A_\infty s^3 + (2A_1 + A_\infty)s$$

Koeffizientenvergleich liefert: $A_\infty = 1$, $2A_1 + 1 = 4$, $2A_1 = 3$, also

$$\underline{Z}(s) = \frac{3s}{s^2 + 1} + s = \frac{1}{\frac{s}{3} + \frac{1}{3s}} + s$$

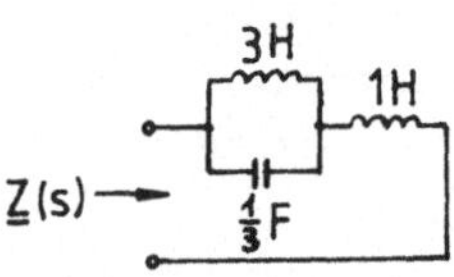

Die zugehörige Partialbruchschaltung, 1.Foster-Form, ist in Bild 9 c dargestellt.

Man erhält aus der Suszeptanzfunktion

$$\underline{Y}(s) = \frac{s^2 + 1}{s(s^2 + 4)}$$

Bild 9 c) Partialbruch-
schaltung,
1.Foster-Form

mit dem Ansatz

$$\underline{Y}(s) = \frac{A_o'}{s} + \frac{2A_1' s}{s^2 + 4}$$

durch Koeffizientenvergleich auf die gleiche Weise wie oben

$$\underline{Y}(s) = \frac{1}{4s} + \frac{1}{\frac{4}{3}s + \frac{16}{3s}}$$

Bild 9 d) Partialbruch-
schaltung,
2.Foster-Form

Die zugehörige Partialbruchschaltung, 2.Foster-Form, zeigt Bild 9 d.

Die beiden Netzwerke Bild 9 c und 9 d sind <u>äquivalent</u>.

1.3 Kettenbruchschaltungen

Ein weiteres wichtiges Beispiel für die Netzwerksynthese ist
der Entwurf von Kettenbruchschaltungen. Eine Zweipolfunktion
kann statt in eine Summe von Partialbrüchen auch stets in
einen Kettenbruch entwickelt werden. Die Kettenbruchentwicklung einer Zweipolfunktion wird durchgeführt, indem die Polynome der Zweipolfunktion nach fallenden oder steigenden
Potenzen geordnet werden und anschließend fortwährend dividiert und invertiert wird.
Wir betrachten im folgenden nur Kettenbruchentwicklungen von
Reaktanzfunktionen.

1.3.1 LC-Kettenbruchschaltung, 1.Cauer-Form

Man ordnet die Polynome der Reaktanzfunktion $\underline{Z}(s)$ nach fallenden Potenzen, anschließend wird fortgesetzt dividiert und
invertiert. Dann ergibt sich ein Kettenbruch von der Form

$$\underline{Z}(s) = \alpha_1 s + \cfrac{1}{\alpha_2 s + \cfrac{1}{\alpha_3 s + \cfrac{1}{\ddots \cfrac{}{\alpha_n s}}}} \tag{18}$$

Der Koeffizient α_1 in (18) kann auch Null sein. Die Zahl der
unabhängigen Koeffizienten $\alpha_\nu \, (\nu = 1,2,\ldots,n)$ der Kettenbruchentwicklung (18) gibt den Grad n der Reaktanzfunktion $\underline{Z}(s)$
an und ist gleich der Zahl der Pole der einzelnen Wider-
stands- und Leitwertfunktionen der Reaktanzfunktion $\underline{Z}(s)$ Gl.
(18) bei $\underline{s = \infty}$. Die Kettenbruchentwicklung (18) kann daher
anschaulich als ein Verfahren gedeutet werden, das aus den
folgenden Schritten besteht (Bild 10):
1. Man spaltet von der Widerstandsfunktion $\underline{Z}(s)$ vom Grad n
einen Pol $\alpha_1 s = L_1 s$ bei $s = \infty$ (L_1 in Serie) ab und erhält
eine Restzweipolfunktion $\underline{Z}_1(s)$ mit n-1 Polen bzw. vom Grad
n-1:

$$\underline{Z}(s) = \alpha_1 s + \underline{Z}_1(s)$$

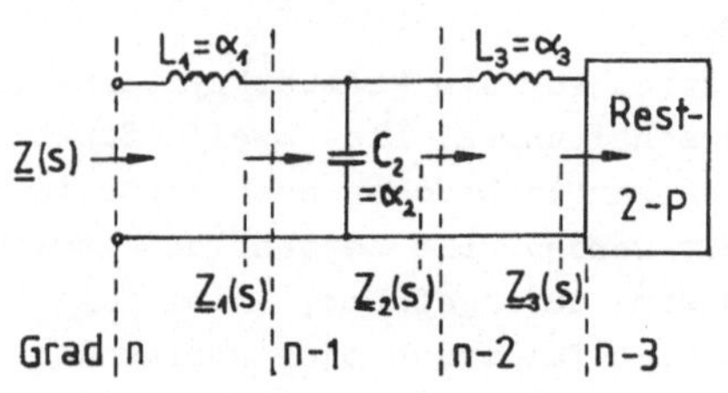

Bild 10   Abspaltung von Polen der
          Widerstands- und Leitwert-
          funktion von $\underline{Z}(s)$

2. Man spaltet von der Leitwertfunktion $\underline{Y}_1(s) = 1/\underline{Z}_1(s)$ einen Pol $\alpha_2 s = C_2 s$ bei $s = \infty$ (C_2 parallel) ab und erhält eine Restzweipolfunktion $\underline{Y}_2(s)$ mit n–2 Polen bzw. vom Grad n–2:

$$\underline{Y}_1(s) = 1/\underline{Z}_1(s) = \alpha_2 s + \underline{Y}_2(s)$$

3. Man spaltet von der Widerstandsfunktion $\underline{Z}_2(s) = 1/\underline{Y}_2(s)$ einen Pol $\alpha_3 s = L_3 s$ bei $s = \infty$ (L_3 in Serie) ab und erhält eine Restzweipolfunktion $\underline{Z}_3(s)$ mit n–3 Polen bzw. vom Grad n–3:

$$\underline{Z}_2(s) = 1/\underline{Y}_2(s) = \alpha_3 s + \underline{Z}_3(s)$$

usw. Man spaltet also von der Reaktanzfunktion $\underline{Z}(s)$ bei $s = \infty$ abwechselnd den Pol der jeweiligen Widerstandsfunktion (L in Serie) und den Pol der jeweiligen Leitwertfunktion (C parallel) ab. Es ergibt sich dann als die Realisierung der Kettenbruchentwicklung (18) die <u>LC-Kettenbruchschaltung (LC-Abzweigschaltung)</u>,

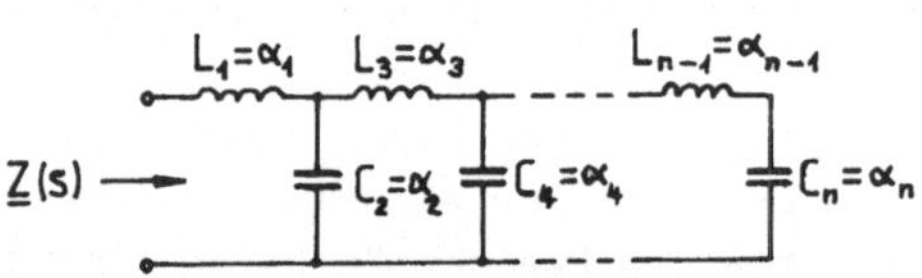

Bild 11   LC-Kettenbruchschaltung,
          1.Cauer-Form

<u>1.Cauer-Form</u> Bild 11 (für n gerade).

<u>1.3.2 LC-Kettenbruchschaltung, 2.Cauer-Form</u>

Man ordnet die Polynome der Reaktanzfunktion $\underline{Z}(s)$ nach <u>steigenden</u> Potenzen, danach wird fortgesetzt dividiert und invertiert. Man erhält in diesem Fall einen Kettenbruch von der Form

$$\underline{Z}(s) = \frac{\beta_1}{s} + \cfrac{1}{\cfrac{\beta_2}{s} + \cfrac{1}{\cfrac{\beta_3}{s} + \cfrac{1}{\ddots \cfrac{}{\cfrac{\beta_n}{s}}}}} \qquad\qquad (19)$$

Der Koeffizient β_1 in (19) kann auch Null sein. Die Zahl der
unabhängigen Koeffizienten β_ν der Kettenbruchentwicklung
(19) gibt den Grad n der Reaktanzfunktion $\underline{Z}(s)$ an. Die Kettenbruchentwicklung (19) kann ebenfalls anschaulich gedeutet
werden: Man spaltet
von der Reaktanzfunk-
tion $\underline{Z}(s)$ bei $\underline{s = 0}$
abwechselnd den Pol
der jeweiligen Wider-
standsfunktion (C in
Serie) und den Pol
der jeweiligen Leit-
wertfunktion (L pa-
rallel) ab. Gl.(19)
wird dann durch die

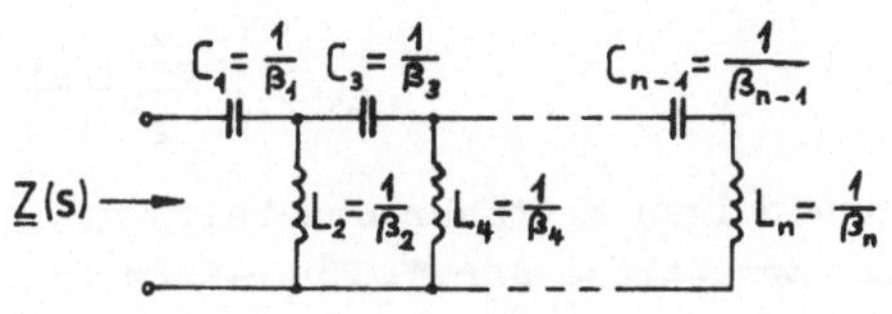

Bild 12   LC-Kettenbruchschaltung,
              2.Cauer-Form

<u>LC-Kettenbruchschaltung (LC-Abzweigschaltung), 2.Cauer-Form</u>
Bild 12 (für n gerade) realisiert.
Die Abspaltung von n Polen von einer Zweipolfunktion n-ten
Grades wird als der <u>Vollabbau</u> der Zweipolfunktion bezeichnet.
Die jeweilige Restzweipolfunktion besitzt nach jedem Abbauschritt einen Pol weniger als die ursprüngliche Funktion,
bzw. der Grad der Restzweipolfunktion nimmt bei jedem Abbauschritt um 1 ab (s. Bild 10). Da jeder Abbauschritt der Abspaltung eines Schaltelementes entspricht, ist der Grad n
der Zweipolfunktion bzw. die Zahl ihrer unabhängigen Koeffizienten α_ν bzw. β_ν gleich der Zahl der Schaltelemente der zugehörigen Kettenbruchschaltung. Die Kettenbruchschaltungen
stellen daher wie die Partialbruchschaltungen <u>kanonische
Schaltungen</u> dar, d.h. die Zweipolfunktion $\underline{Z}(s)$ kann durch
eine Kettenbruchschaltung mit dem Minimum an Schaltelementen

realisiert werden.

Die beiden Syntheseverfahren 1.2 und 1.3 führen bei einer
gegebenen Reaktanzfunktion $\underline{Z}(s)$ stets zu realisierbaren
(äquivalenten) LC-Zweipolen. Es gibt solche einfachen Syntheseverfahren außerdem noch für <u>RL-</u> und <u>RC-Zweipole</u>. Dann
gilt der Satz (vgl. 3.1.3):

> Die Pole und Nullstellen einer RL- oder RC-Zweipolfunk-
> tion liegen auf der negativ reellen Achse.

Die Synthese von RLC-Zweipolen ist dagegen beträchtlich kom-
plizierter.

<u>Beispiel 3</u>: Die zur Reaktanzfunktion

$$\underline{Z}(s) = \frac{s^3 + 2s}{2s^2 + 1}$$

zugehörigen Kettenbruchschaltungen sollen ermittelt werden.
Zur Ermittlung der 1.Cauer-Form führen wir eine Kettenbruchentwicklung von $\underline{Z}(s)$ durch:

$$
\begin{array}{r}
\dfrac{s}{2} \longleftarrow \\[4pt]
(:)\ 2s^2 + 1\,\overline{\left|\,s^3 + 2s\right.} \\
(-)\ s^3 + \dfrac{s}{2} \quad \dfrac{4s}{3} \longleftarrow \\
\hline
\dfrac{3s}{2}\,\overline{\left|\,2s^2 + 1\right.} \quad \dfrac{3s}{2} \longleftarrow \\
2s^2 \qquad \dfrac{3s}{2} \\
\hline
1\,\overline{\left|\,\dfrac{3s}{2}\right.} \\
\dfrac{3s}{2} \\
\hline
0
\end{array}
$$

also

$$\underline{Z}(s) = \frac{1}{2}s + \cfrac{1}{\dfrac{4}{3}s + \cfrac{1}{\dfrac{3}{2}s}}$$

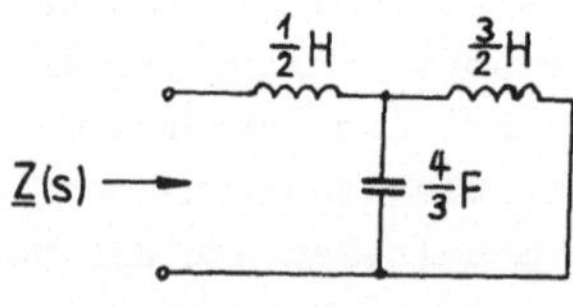

Bild 13 a) Kettenbruch-
schaltung, 1.Cauer-Form

Die zugehörige Kettenbruchschaltung, 1.Cauer-Form, ist in Bild
13 a dargestellt.

Zur Ermittlung der 2.Cauer-Form führen wir eine Kettenbruch-entwicklung von

$$\underline{Z}(s) = \frac{2s + s^3}{1 + 2s^2}$$

durch. Diese liefert u.a. den Term $-1/3s^3$. Da es jedoch keine Impedanz dieser Größe gibt, ist diese Kettenbruchentwicklung von $\underline{Z}(s)$ schaltungsmäßig nicht deutbar. Wir führen deshalb eine Kettenbruchentwicklung von

$$\underline{Y}(s) = \frac{1 + 2s^2}{2s + s^3}$$

durch:

$$
\begin{array}{ll}
(:)\ 2s + s^3 \overline{\left)\, 1 + 2s^2 \right.} & \dfrac{1}{2s} \longleftarrow \\[2ex]
(-)\ \ 1 + \dfrac{s^2}{2} & \dfrac{4}{3s} \longleftarrow \\[2ex]
\hline
\dfrac{3s^2}{2}\,\overline{\left)\, 2s + s^3 \right.} & \dfrac{3}{2s} \longleftarrow \\[2ex]
2s & \\[1ex]
\hline
s^3\,\overline{\left)\, \dfrac{3s^2}{2} \right.} & \\[2ex]
\dfrac{3s^2}{2} & \\[1ex]
\hline
0 &
\end{array}
$$

also

$$\underline{Y}(s) = \frac{1}{2s} + \cfrac{1}{\dfrac{4}{3s} + \cfrac{1}{\dfrac{3}{2s}}}$$

Die zugehörige Kettenbruchschaltung, 2.Cauer-Form, zeigt Bild 13 b. Die beiden Schaltungen Bilder 13 a und 13 b sind <u>äquivalent</u>.

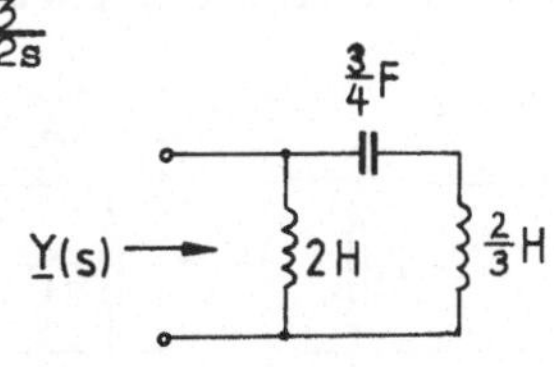

Bild 13 b) Kettenbruch-
schaltung, 2.Cauer-Form

1.4 Duale Netzwerke

Zwei <u>Zweipole</u> werden als zueinander <u>dual</u> (<u>widerstandsrezi-prok</u>) bezeichnet, wenn die Impedanz des einen Zweipols proportional der Admittanz des anderen Zweipols ist:

$$\underline{Z}' = \frac{R_o^2}{\underline{Z}} \quad \text{bzw.} \quad \underline{Z}\,\underline{Z}' = R_o^2 \tag{20}$$

Die Größe R_o in (20) ist eine reelle Konstante von der Dimension eines Widerstandes und wird als die <u>Dualitätsinvariante</u> (<u>Dualitätskonstante</u>) bezeichnet.
Die einfachsten dualen Zweipole sind Induktivität und Kapazität:

$$\underline{Z} = j\omega L \ , \ \underline{Z}' = 1/j\omega C$$

Wegen (20) gilt dann

$$\underline{Z}\,\underline{Z}' = \frac{L}{C} = R_o^2$$

also

$$C = L/R_o^2 \ , \ L = R_o^2 C \tag{21}$$

Zwei <u>Netzwerke</u> werden als zueinander <u>dual</u> bezeichnet, wenn das eine Netzwerk bezüglich der Spannung bis auf einen konstanten Faktor die gleichen Eigenschaften hat wie das andere Netzwerk bezüglich des Stromes und umgekehrt. Durch zwei Schaltelemente, die in einem Netzwerk in Serie liegen, fließt der gleiche Strom. An den beiden Schaltelementen des zugehörigen dualen Netzwerks muß dann die gleiche Spannung liegen, d.h. sie müssen parallel geschaltet sein. Liegt die Impedanz $\underline{Z}$ im Längszweig eines Netzwerks, so ist die duale Impedanz $\underline{Z}'$ im dualen Netzwerk in den Querzweig zu legen und umgekehrt (Beispiel: Spannungsteiler – Stromteiler, Bild 14).

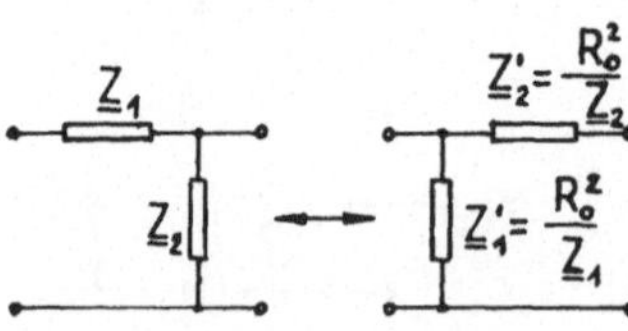

Bild 14   Dualität zweier Netzwerke

Man erhält das zu einem gegebenem Netzwerk duale Netzwerk
über die folgenden Regeln:

Man ersetze: a) Serienschaltung durch Parallelschaltung
                 und umgekehrt,
              b) Widerstand R durch Widerstand R_o^2/R,
              c) Induktivität L durch Kapazität $C = L/R_o^2$,
              d) Kapazität C durch Induktivität $L = R_o^2 C$.

Zusätzlich müssen Längs- und Querzweig vertauscht werden.
Für die Konstante R_o bzw. R_o^2 kann grundsätzlich eine beliebige reelle Größe
angenommen werden.
Man wählt R_o^2 z.B.
so groß, daß mög-
lichst viele Schalt-
elemente des dualen
Netzwerks günstige
Bemessungswerte er-
halten.
Beispiele für dua-
le Umwandlungen
sind in Bild 15
dargestellt.

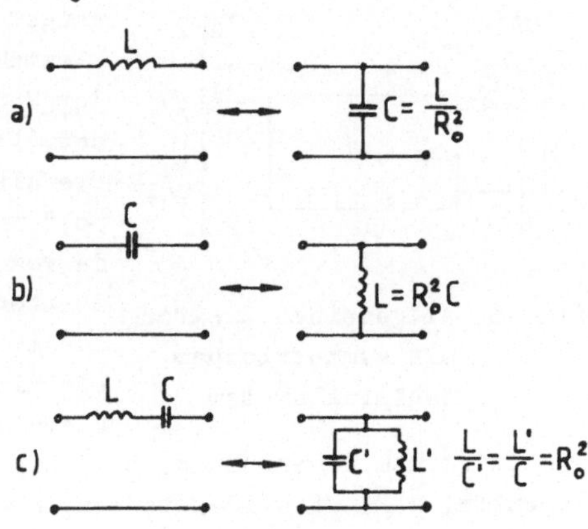

Bild 15 Beispiele für duale Netzwerke

Bei der dualen Umwandlung von Netzwerken entsprechen sich:

Spannung	⟷	Strom
Widerstand	⟷	Leitwert
Induktivität	⟷	Kapazität
Serienschaltung	⟷	Parallelschaltung
Längszweig	⟷	Querzweig
Masche	⟷	Knoten
Leerlauf	⟷	Kurzschluß
Spannungsquelle	⟷	Stromquelle.

2. Zweitore

2.1 Allgemeine Zweitoreigenschaften. Grundgleichungen des linearen Zweitors

2.1.1 Eigenschaften eines Zweitors

Als Zweitor wird ein Netzwerk mit einem Eingangsklemmenpaar 1,1', d.i. das Tor 1 (Eingangstor), und einem Ausgangsklemmenpaar 2,2', d.i. das Tor 2 (Ausgangstor), bezeichnet ("black box", Bild 16). Die ältere Bezeichnung "Vierpol" ist nicht ganz eindeutig, da von den vier Polen eines Zweitors immer jeweils zwei zusammengehören.

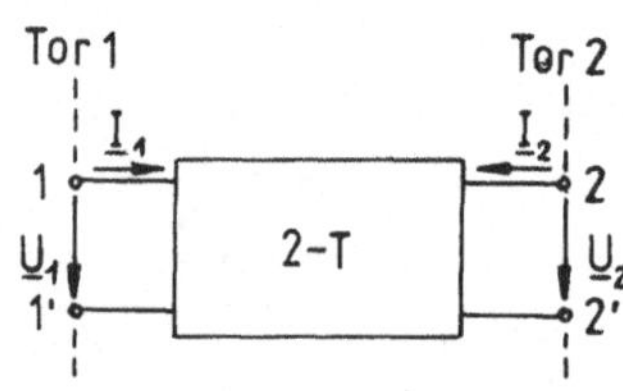

Bild 16 Allgemeines Zweitor mit symmetrischem Zählpfeilsystem

Die Eingangs- und Ausgangsklemmen des Zweitors Bild 16 sind in seinem Innern durch beliebige Anordnungen von Bauelementen, z.B. Wirkwiderständen, Spulen, Kondensatoren, Leitungen, Übertrager, Transistoren usw. miteinander verbunden. Im Zweitorinnern sollen jedoch keine starren Quellen vorkommen. An den Eingangsklemmen 1,1' liegt die Spannung U_1 (z.B. die Speisespannung) und an den Ausgangsklemmen 2,2' die Spannung U_2. (In der Zweitortheorie sind gewöhnlich nur die beiden Querspannungen U_1 und U_2, nicht aber die Längsspannungen zwischen den Klemmen 1 und 2 bzw. 1' und 2' von Interesse). An der Klemme 1 fließt der Strom I_1 in das Zweitor hinein, und derselbe Strom I_1 fließt an der Klemme 1' aus dem Zweitor heraus. An der Klemme 2 fließt der Strom I_2 in das Zweitor hinein, und derselbe Strom I_2 fließt an der Klemme 2' heraus. (Das Zweitor mit seiner eingangs- und ausgangsseitigen Beschaltung wird in 2.6 genauer betrachtet). Die Richtungszählung der Zweitorströme gemäß Bild 16 ent-

spricht der Zählweise beim <u>symmetrischen Zählpfeilsystem</u>:
Beide Zweitorströme, also auch der Ausgangsstrom $\underline{I}_2$, werden
in das Zweitor <u>hineinfließend</u> positiv gezählt. Eingang und
Ausgang des Zweitors werden dadurch einer gleichartigen Be-
trachtungsweise unterzogen, wodurch die erhaltenen Beziehungen übersichtlicher werden. Das symmetrische Zählpfeilsystem ist z.B. bei Transistorzweitoren besonders zweckmäßig.
Bei Leitungen ist dagegen das <u>Kettenzählpfeilsystem</u> sinnvoll
(vgl. 4.2): Der Ausgangsstrom $\underline{I}_2$ des Zweitors wird <u>heraus-
fließend</u> positiv gezählt.

2.1.2 Passives und aktives Zweitor. Gesteuerte Quellen

Ein <u>passives Zweitor</u> enthält i. allg. Wirkwiderstände R, Induktivitäten L, Kapazitäten C und Übertrager Ü in beliebiger
Anordnung: <u>RLCÜ-Zweitor</u>. In den Wirkwiderständen des passiven Zweitors wird Wirkleistung verbraucht, z.B. als Stromwärme. Durch ein passives Reaktanz- (LC-)Zweitor kann dagegen Wirkleistung nur hindurchgehen.
Ein <u>aktives Zweitor</u> liefert eine größere Wirkleistung an
seinen Ausgang, als es an seinem Eingang aufnimmt. (Die zusätzliche Wechselstromwirkleistung wird der Gleichstromversorgung des aktiven Zweitors entnommen). Aktive Zweitore
sind z.B. Transistoren (Bipolar- und Feldeffekttransistor)
und Operationsverstärker und alle Schaltungen, die solche
Bauelemente enthalten. Aktive Zweitorschaltungen können auch
mit bestimmten Halbleiterdioden, z.B. Tunneldioden, realisiert werden. (Die Gleichstromversorgung des aktiven Zweitors wird in der Zweitorschaltskizze gewöhnlich fortgelassen).
Aktive Zweitore stellen stets gesteuerte Quellen dar. Eine
<u>gesteuerte (abhängige) Quelle</u> ist eine Spannungs- oder Strom-
quelle, die von einer anderen Spannung oder einem anderen
Strom gesteuert wird. Die vier möglichen Typen <u>idealer</u> ge-
steuerter Quellen sind in Bild 17 dargestellt. (Die einge-
klammerten Zahlen bedeuten jeweils die Werte des Eingangs-
und Ausgangswiderstandes. Weiterhin sind: $\underline{\mu}$ Spannungsver-

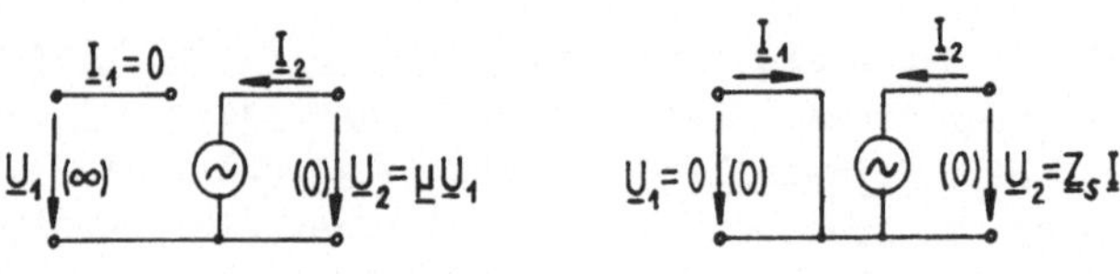

a) spannungsgesteuerte   b) stromgesteuerte

Spannungsquelle

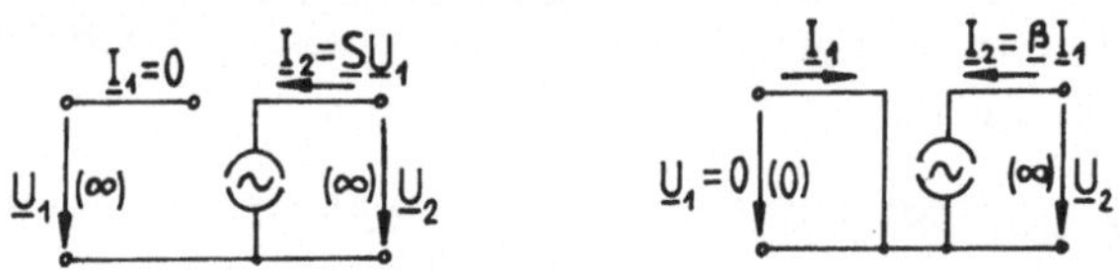

c) spannungsgesteuerte   d) stromgesteuerte

Stromquelle

Bild 17   Gesteuerte (abhängige) Quellen

stärkung, $\underline{Z}_S$ Steuerwiderstand, $\underline{S}$ Steilheit, $\underline{B}$ Stromverstärkung). Bei der spannungs- bzw. stromgesteuerten Spannungsquelle Bild 17 a und b hängt die Ausgangsspannung $\underline{U}_2$ nur von der Eingangsgröße $\underline{U}_1$ bzw. $\underline{I}_1$ und nicht von dem durch den Quellenausgang fließenden Strom $\underline{I}_2$ ab. Bei der spannungs- bzw. stromgesteuerten Stromquelle Bild 17 c und d hängt dagegen der Ausgangsstrom $\underline{I}_2$ nur von der Eingangsgröße $\underline{U}_1$ bzw. $\underline{I}_1$ und nicht von der an dem Quellenausgang liegenden Spannung $\underline{U}_2$ ab. Eine gesteuerte Quelle wird mit der steuernden Klemmengröße ebenfalls Null. Dagegen ist die Quellenspannung bzw. der Quellenstrom einer (starren) Zweipolquelle von den äußeren Klemmengrößen bzw. von der Belastung unabhängig. Gesteuerte Quellen können z.B. mit Hilfe von Operationsverstärkern und Wirkwiderständen realisiert werden.

2.1.3 Grundgleichungen und Parameter des linearen Zweitors

Ein <u>lineares Zweitor</u> enthält nur lineare Bauelemente. Die Spannungen und die Ströme eines linearen Zweitors sind durch lineare Beziehungen miteinander verknüpft. Die Übertragungs-

eigenschaften eines <u>zeitinvarianten</u> Zweitors sind vom (Meß-)
Zeitpunkt unabhängig. Wir betrachten im folgenden nur lineare, zeitinvariante Zweitore.

Die Eingangsspannung $\underline{U}_1$ und
die Ausgangsspannung $\underline{U}_2$ eines
linearen Zweitors sind lineare
Funktionen des Eingangsstromes
$\underline{I}_1$ und des Ausgangsstromes $\underline{I}_2$.
Wir betrachten z.B. die
T-Schaltung Bild 18. Mit dem
Maschenstromverfahren folgt

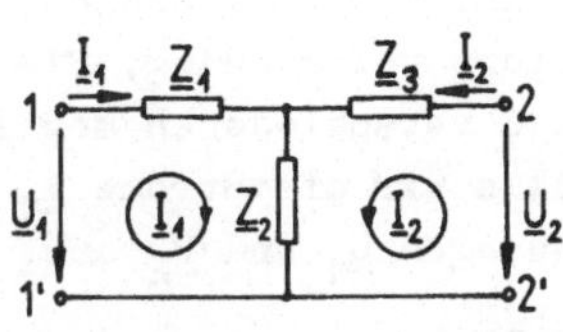

Bild 18   T-Schaltung

$$\underline{Z}_1\underline{I}_1 + \underline{Z}_2\underline{I}_1 + \underline{Z}_2\underline{I}_2 - \underline{U}_1 = 0$$
$$\underline{Z}_3\underline{I}_2 + \underline{Z}_2\underline{I}_2 + \underline{Z}_2\underline{I}_1 - \underline{U}_2 = 0$$

und hieraus durch Auflösen nach $\underline{U}_1$ und $\underline{U}_2$

$$\underline{U}_1 = (\underline{Z}_1 + \underline{Z}_2)\underline{I}_1 + \underline{Z}_2\underline{I}_2$$
$$\underline{U}_2 = \underline{Z}_2\underline{I}_1 + (\underline{Z}_2 + \underline{Z}_3)\underline{I}_2$$

das sind die <u>Zweitorgleichungen der T-Schaltung.</u>
Die Zweitorgleichungen eines linearen Zweitors können allgemein in der Form der <u>Widerstandsgleichungen</u> geschrieben werden:

$$\left| \begin{aligned} \underline{U}_1 &= \underline{Z}_{11}\underline{I}_1 + \underline{Z}_{12}\underline{I}_2 \\ \underline{U}_2 &= \underline{Z}_{21}\underline{I}_1 + \underline{Z}_{22}\underline{I}_2 \end{aligned} \right. \tag{22}$$

Die vier komplexen, also frequenzabhängigen Koeffizienten
$\underline{Z}_{ik}$ werden als die <u>Widerstands- (Z-)Parameter</u> des Zweitors
bezeichnet. Führen wir die <u>Widerstandsmatrix</u>

$$(\underline{Z}) = \begin{pmatrix} \underline{Z}_{11} & \underline{Z}_{12} \\ \underline{Z}_{21} & \underline{Z}_{22} \end{pmatrix}$$

und die Vektoren $\begin{pmatrix} \underline{U}_1 \\ \underline{U}_2 \end{pmatrix}$ und $\begin{pmatrix} \underline{I}_1 \\ \underline{I}_2 \end{pmatrix}$ ein, so erhalten wir die Widerstandsgleichungen in der Matrizenform

$$\begin{pmatrix} \underline{U}_1 \\ \underline{U}_2 \end{pmatrix} = (\underline{Z}) \begin{pmatrix} \underline{I}_1 \\ \underline{I}_2 \end{pmatrix} \qquad (23)$$

Die Gln. (22) beschreiben die Klemmeneigenschaften eines Zweitors vollständig. Sie stellen jedoch nur eine von insgesamt 6 verschiedenen möglichen Gleichungssystemen dar. Drücken wir die Ströme $\underline{I}_1$ und $\underline{I}_2$ in Abhängigkeit von den Spannungen $\underline{U}_1$ und $\underline{U}_2$ aus, so ergeben sich die <u>Leitwertgleichungen</u>

$$\left| \begin{aligned} \underline{I}_1 &= \underline{Y}_{11}\underline{U}_1 + \underline{Y}_{12}\underline{U}_2 \\ \underline{I}_2 &= \underline{Y}_{21}\underline{U}_1 + \underline{Y}_{22}\underline{U}_2 \end{aligned} \right. \qquad (24)$$

Die Koeffizienten $\underline{Y}_{ik}$ werden als die <u>Leitwert- (Y-)Parameter</u> des Zweitors bezeichnet. Mit der <u>Leitwertmatrix</u>

$$(\underline{Y}) = \begin{pmatrix} \underline{Y}_{11} & \underline{Y}_{12} \\ \underline{Y}_{21} & \underline{Y}_{22} \end{pmatrix}$$

ergeben sich die Leitwertgleichungen in der Matrizenform

$$\begin{pmatrix} \underline{I}_1 \\ \underline{I}_2 \end{pmatrix} = (\underline{Y}) \begin{pmatrix} \underline{U}_1 \\ \underline{U}_2 \end{pmatrix} \qquad (25)$$

Schreiben wir die Eingangsgrößen $\underline{U}_1$ und $\underline{I}_1$ in Abhängigkeit von den Ausgangsgrößen $\underline{U}_2$ und $-\underline{I}_2$, so ergeben sich die <u>Kettengleichungen</u>

$$\left| \begin{aligned} \underline{U}_1 &= \underline{A}_{11}\underline{U}_2 + \underline{A}_{12}(-\underline{I}_2) \\ \underline{I}_1 &= \underline{A}_{21}\underline{U}_2 + \underline{A}_{22}(-\underline{I}_2) \end{aligned} \right. \qquad (26)$$

Die Koeffizienten $\underline{A}_{ik}$ werden als die <u>Ketten- (A-)Parameter</u> des Zweitors bezeichnet. In den Gln. (26) sind $\underline{U}_1$ und $\underline{I}_1$ in Abhängigkeit von $\underline{U}_2$ und dem aus dem Zweitor <u>herausfließenden</u> Ausgangsstrom $-\underline{I}_2$, also in einer der Schreibweise im Kettenzählpfeilsystem ähnlichen Form geschrieben. (Wir können $-\underline{I}_2 = \underline{I}_2'$ setzen, den herausfließenden Strom $\underline{I}_2'$ dann positiv zählen und auf diese Weise zum Kettenzählpfeilsystem übergehen). Mit der <u>Kettenmatrix</u>

$$(\underline{A}) = \begin{pmatrix} \underline{A}_{11} & \underline{A}_{12} \\ \underline{A}_{21} & \underline{A}_{22} \end{pmatrix}$$

erhalten wir die Kettengleichungen in der Matrizenform

$$\begin{pmatrix} \underline{U}_1 \\ \underline{I}_1 \end{pmatrix} = (\underline{A}) \begin{pmatrix} \underline{U}_2 \\ -\underline{I}_2 \end{pmatrix} \tag{27}$$

Schreiben wir $\underline{U}_1$ und $\underline{I}_2$ in Abhängigkeit von $\underline{I}_1$ und $\underline{U}_2$, so erhalten wir die <u>Hybridgleichungen</u>

$$\begin{vmatrix} \underline{U}_1 = \underline{h}_{11}\underline{I}_1 + \underline{h}_{12}\underline{U}_2 \\ \underline{I}_2 = \underline{h}_{21}\underline{I}_1 + \underline{h}_{22}\underline{U}_2 \end{vmatrix} \tag{28}$$

Die Koeffizienten $\underline{h}_{ik}$ werden als die <u>Hybrid- (h-)Parameter</u> des Zweitors bezeichnet. Mit der <u>Hybridmatrix</u>

$$(\underline{h}) = \begin{pmatrix} \underline{h}_{11} & \underline{h}_{12} \\ \underline{h}_{21} & \underline{h}_{22} \end{pmatrix}$$

ergeben sich die Hybridgleichungen in der Matrizenform

$$\begin{pmatrix} \underline{U}_1 \\ \underline{I}_2 \end{pmatrix} = (\underline{h}) \begin{pmatrix} \underline{I}_1 \\ \underline{U}_2 \end{pmatrix} \tag{29}$$

Die Hybridgleichungen werden gewöhnlich bei der Berechnung von NF-Verstärkerschaltungen mit Transistoren (für Frequenzen $f \lesssim 50$ kHz) benutzt.
Es gibt noch zwei weitere Darstellungsformen der Zweitorgleichungen, die jedoch für die Praxis nur von geringer Bedeutung sind.

2.2 Bedeutung und Umrechnung der Zweitorparameter

2.2.1 Bedeutung der Zweitorparameter

Die physikalische Bedeutung der einzelnen Zweitorparameter $\underline{Z}_{ik}$, $\underline{Y}_{ik}$, $\underline{A}_{ik}$ und $\underline{h}_{ik}$ ergibt sich aus den entsprechenden Grundgleichungen des linearen Zweitors 2.1.3 und geht aus der Tafel 2 hervor. Wir entnehmen der Tafel 2 weiterhin: Die Z-Parameter werden durch Leerlaufmessungen, die Y-Parameter durch Kurzschlußmessungen und die A- und h-Parameter durch Leerlauf- und Kurzschlußmessungen bestimmt.

Als Besonderheit ist zu beachten: Die Parameter $\underline{Z}_{12}$, $\underline{Z}_{22}$, $\underline{Y}_{12}$, $\underline{Y}_{22}$, $\underline{h}_{12}$ und $\underline{h}_{22}$ werden bei Rückwärtsspeisung (Rückwärtsbetrieb) des Zweitors, d.h. bei Speisung des Zweitors durch eine Quelle im Ausgangskreis gemessen.

Tafel 2   Bedeutung der Zweitorparameter

$$\underline{Z}_{11} = \left.\frac{\underline{U}_1}{\underline{I}_1}\right|_{\underline{I}_2=0} \qquad \text{Leerlauf-Eingangswiderstand}$$

$$\underline{Z}_{12} = \left.\frac{\underline{U}_1}{\underline{I}_2}\right|_{\underline{I}_1=0} \qquad \text{Leerlauf-Übertragungswiderstand rückwärts}$$

$$\underline{Z}_{21} = \left.\frac{\underline{U}_2}{\underline{I}_1}\right|_{\underline{I}_2=0} \qquad \text{Leerlauf-Übertragungswiderstand vorwärts}$$

$$\underline{Z}_{22} = \left.\frac{\underline{U}_2}{\underline{I}_2}\right|_{\underline{I}_1=0} \qquad \text{Leerlauf-Ausgangswiderstand}$$

$$(30)$$

$$\underline{Y}_{11} = \left.\frac{\underline{I}_1}{\underline{U}_1}\right|_{\underline{U}_2=0} \qquad \text{Kurzschluß-Eingangsleitwert}$$

$$\underline{Y}_{12} = \left.\frac{\underline{I}_1}{\underline{U}_2}\right|_{\underline{U}_1=0} \qquad \text{Kurzschluß-Übertragungsleitwert rückwärts}$$

$$(31)$$

Tafel 2 (Fortsetzung)

$$\underline{Y}_{21} = \left.\frac{\underline{I}_2}{\underline{U}_1}\right|_{\underline{U}_2=0} \qquad \text{Kurzschluß-Übertragungsleitwert vorwärts}$$

$$\underline{Y}_{22} = \left.\frac{\underline{I}_2}{\underline{U}_2}\right|_{\underline{U}_1=0} \qquad \text{Kurzschluß-Ausgangsleitwert}$$

$$\underline{A}_{11} = \left.\frac{\underline{U}_1}{\underline{U}_2}\right|_{\underline{I}_2=0} \qquad \text{Leerlauf-Spannungsübersetzung}$$

$$\underline{A}_{12} = \left.\frac{\underline{U}_1}{-\underline{I}_2}\right|_{\underline{U}_2=0} \qquad \text{Kurzschluß-Übertragungswiderstand vorwärts}$$

$$(32)$$

$$\underline{A}_{21} = \left.\frac{\underline{I}_1}{\underline{U}_2}\right|_{\underline{I}_2=0} \qquad \text{Leerlauf-Übertragungsleitwert vorwärts}$$

$$\underline{A}_{22} = \left.\frac{\underline{I}_1}{-\underline{I}_2}\right|_{\underline{U}_2=0} \qquad \text{Kurzschluß-Stromübersetzung}$$

$$\underline{h}_{11} = \left.\frac{\underline{U}_1}{\underline{I}_1}\right|_{\underline{U}_2=0} \qquad \text{Kurzschluß-Eingangswiderstand}$$

$$\underline{h}_{12} = \left.\frac{\underline{U}_1}{\underline{U}_2}\right|_{\underline{I}_1=0} \qquad \text{Leerlauf-Spannungsrückwirkung}$$

$$(33)$$

$$\underline{h}_{21} = \left.\frac{\underline{I}_2}{\underline{I}_1}\right|_{\underline{U}_2=0} \qquad \text{Kurzschluß-Stromverstärkung}$$

$$\underline{h}_{22} = \left.\frac{\underline{I}_2}{\underline{U}_2}\right|_{\underline{I}_1=0} \qquad \text{Leerlauf-Ausgangsleitwert}$$

2.2.2 Umrechnung der Zweitorparameter

Ist z.B. die Widerstandsmatrix $(\underline{Z})$ eines Zweitors gegeben, so können daraus die anderen Matrizen $(\underline{Y})$, $(\underline{A})$ und $(\underline{h})$ berechnet werden, wenn man die Zweitorgleichungen nach den gesuchten Größen auflöst. Wir gehen z.B. von den Widerstandsgleichungen (22) aus:

$$\underline{U}_1 = \underline{Z}_{11}\underline{I}_1 + \underline{Z}_{12}\underline{I}_2$$
$$\underline{U}_2 = \underline{Z}_{21}\underline{I}_1 + \underline{Z}_{22}\underline{I}_2$$

Aus ihnen folgt mit Hilfe der Cramerschen Regel der Determinantenrechnung

$$\underline{I}_1 = \frac{\begin{vmatrix} \underline{U}_1 & \underline{Z}_{12} \\ \underline{U}_2 & \underline{Z}_{22} \end{vmatrix}}{\Delta\underline{Z}} = \frac{1}{\Delta\underline{Z}}(\underline{Z}_{22}\underline{U}_1 - \underline{Z}_{12}\underline{U}_2) \tag{34}$$

$$\frac{\begin{vmatrix} \underline{Z}_{11} & \underline{U}_1 \\ \underline{Z}_{21} & \underline{U}_2 \end{vmatrix}}{\Delta\underline{Z}} = \frac{1}{\Delta\underline{Z}}(-\underline{Z}_{21}\underline{U}_1 + \underline{Z}_{11}\underline{U}_2)$$

$\Delta\underline{Z}$ in den Gln. (34) ist die Determinante der Widerstandsmatrix $(\underline{Z})$:

$$\Delta\underline{Z} = \begin{vmatrix} \underline{Z}_{11} & \underline{Z}_{12} \\ \underline{Z}_{21} & \underline{Z}_{22} \end{vmatrix} = \underline{Z}_{11}\underline{Z}_{22} - \underline{Z}_{12}\underline{Z}_{21}$$

Weiterhin gelten die Leitwertgleichungen (24)

$$\underline{I}_1 = \underline{Y}_{11}\underline{U}_1 + \underline{Y}_{12}\underline{U}_2$$
$$\underline{I}_2 = \underline{Y}_{21}\underline{U}_1 + \underline{Y}_{22}\underline{U}_2$$

Für die Leitwertmatrix folgt dann durch Koeffizientenvergleich mit den Gln. (34)

$$(\underline{Y}) = \begin{pmatrix} \underline{Y}_{11} & \underline{Y}_{12} \\ \underline{Y}_{21} & \underline{Y}_{22} \end{pmatrix} = \frac{1}{\Delta\underline{Z}} \begin{pmatrix} \underline{Z}_{22} & -\underline{Z}_{12} \\ -\underline{Z}_{21} & \underline{Z}_{11} \end{pmatrix} \tag{35}$$

Die rechts stehende Matrix (35) stellt die zur Matrix ($\underline{Z}$)
__inverse Matrix__ ($\underline{Z}$)$^{-1}$ dar (s. Anhang).
Man verfährt analog zu oben, wenn eine andere Zweitormatrix
gegeben ist und die übrigen Matrizen zu ermitteln sind. Man
erhält dann die in der Tafel 3 enthaltenen Umrechnungsbeziehungen zwischen den Zweitorparametern, wobei das symmetrische Zählpfeilsystem zugrundegelegt ist.

__Tafel 3__ Umrechnung der Zweitorparameter

$$\begin{pmatrix} \underline{Z}_{11} & \underline{Z}_{12} \\ \underline{Z}_{21} & \underline{Z}_{22} \end{pmatrix} = \frac{1}{\Delta\underline{Y}}\begin{pmatrix} \underline{Y}_{22} & -\underline{Y}_{12} \\ -\underline{Y}_{21} & \underline{Y}_{11} \end{pmatrix} = \frac{1}{\underline{A}_{21}}\begin{pmatrix} \underline{A}_{11} & \Delta\underline{A} \\ 1 & \underline{A}_{22} \end{pmatrix} = \frac{1}{\underline{h}_{22}}\begin{pmatrix} \Delta\underline{h} & \underline{h}_{12} \\ -\underline{h}_{21} & 1 \end{pmatrix}$$

$$\begin{pmatrix} \underline{Y}_{11} & \underline{Y}_{12} \\ \underline{Y}_{21} & \underline{Y}_{22} \end{pmatrix} = \frac{1}{\Delta\underline{Z}}\begin{pmatrix} \underline{Z}_{22} & -\underline{Z}_{12} \\ -\underline{Z}_{21} & \underline{Z}_{11} \end{pmatrix} = \frac{1}{\underline{A}_{12}}\begin{pmatrix} \underline{A}_{22} & -\Delta\underline{A} \\ -1 & \underline{A}_{11} \end{pmatrix} = \frac{1}{\underline{h}_{11}}\begin{pmatrix} 1 & -\underline{h}_{12} \\ \underline{h}_{21} & \Delta\underline{h} \end{pmatrix}$$

$$\begin{pmatrix} \underline{A}_{11} & \underline{A}_{12} \\ \underline{A}_{21} & \underline{A}_{22} \end{pmatrix} = \frac{1}{\underline{Z}_{21}}\begin{pmatrix} \underline{Z}_{11} & \Delta\underline{Z} \\ 1 & \underline{Z}_{22} \end{pmatrix} = -\frac{1}{\underline{Y}_{21}}\begin{pmatrix} \underline{Y}_{22} & 1 \\ \Delta\underline{Y} & \underline{Y}_{11} \end{pmatrix} = -\frac{1}{\underline{h}_{21}}\begin{pmatrix} \Delta\underline{h} & \underline{h}_{11} \\ \underline{h}_{22} & 1 \end{pmatrix}$$

$$\begin{pmatrix} \underline{h}_{11} & \underline{h}_{12} \\ \underline{h}_{21} & \underline{h}_{22} \end{pmatrix} = \frac{1}{\underline{Z}_{22}}\begin{pmatrix} \Delta\underline{Z} & \underline{Z}_{12} \\ -\underline{Z}_{21} & 1 \end{pmatrix} = \frac{1}{\underline{Y}_{11}}\begin{pmatrix} 1 & -\underline{Y}_{12} \\ \underline{Y}_{21} & \Delta\underline{Y} \end{pmatrix} = \frac{1}{\underline{A}_{22}}\begin{pmatrix} \underline{A}_{12} & \Delta\underline{A} \\ -1 & \underline{A}_{21} \end{pmatrix}$$

- 40 -

<u>Beispiel 4</u>: Gegeben ist der LC-Spannungsteiler Bild 19.

Es sollen die Z-Parameter aus ihren Definitionen und die Y- und A-Matrix mit Hilfe der Umrechnungsformeln der Zweitorparameter berechnet werden.

Wegen (30) ergibt sich

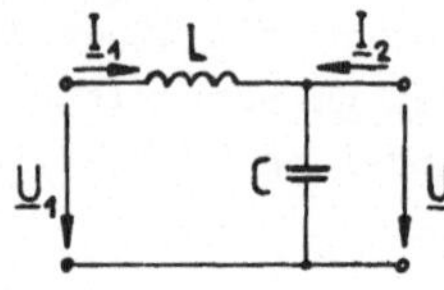

Bild 19 LC-Spannungs-
teiler

$$\underline{Z}_{11} = \frac{\underline{U}_1}{\underline{I}_1}\bigg|_{\underline{I}_2=0} = j\left(\omega L - \frac{1}{\omega C}\right)$$

$$\underline{Z}_{21} = \frac{\underline{U}_2}{\underline{I}_1}\bigg|_{\underline{I}_2=0} = \frac{1}{j\omega C}$$

$$\underline{Z}_{12} = \frac{\underline{U}_1}{\underline{I}_2}\bigg|_{\underline{I}_1=0} = \frac{1}{j\omega C}$$

$$\underline{Z}_{22} = \frac{\underline{U}_2}{\underline{I}_2}\bigg|_{\underline{I}_1=0} = \frac{1}{j\omega C}$$

also

$$(\underline{Z}) = \begin{pmatrix} j\left(\omega L - \frac{1}{\omega C}\right) & \frac{1}{j\omega C} \\ \frac{1}{j\omega C} & \frac{1}{j\omega C} \end{pmatrix}$$

mit $\Delta\underline{Z} = \underline{Z}_{11}\underline{Z}_{22} - \underline{Z}_{12}\underline{Z}_{21} = L/C$. Gemäß Tafel 3 folgt dann

$$(\underline{Y}) = \frac{1}{\Delta\underline{Z}}\begin{pmatrix} \underline{Z}_{22} & -\underline{Z}_{12} \\ -\underline{Z}_{21} & \underline{Z}_{11} \end{pmatrix} = \begin{pmatrix} \frac{1}{j\omega L} & -\frac{1}{j\omega L} \\ -\frac{1}{j\omega L} & j\left(\omega C - \frac{1}{\omega L}\right) \end{pmatrix}$$

$$(\underline{A}) = \frac{1}{\underline{Z}_{21}}\begin{pmatrix} \underline{Z}_{11} & \Delta\underline{Z} \\ 1 & \underline{Z}_{22} \end{pmatrix} = \begin{pmatrix} 1 - \omega^2 LC & j\omega L \\ j\omega C & 1 \end{pmatrix}$$

2.3 Zusammenschaltung von Zweitoren

2.3.1 Serienschaltung

Serienschaltung (Reihenschaltung)
z.B. zweier Zweitore bedeutet Serienschaltung ihrer Eingänge und
Serienschaltung ihrer Ausgänge
(Bild 20). Beide Zweitore werden
von denselben Eingangs- und Aus-
gangsströmen durchflossen, die
jeweiligen Eingangs- und Aus-
gangsspannungen addieren sich:

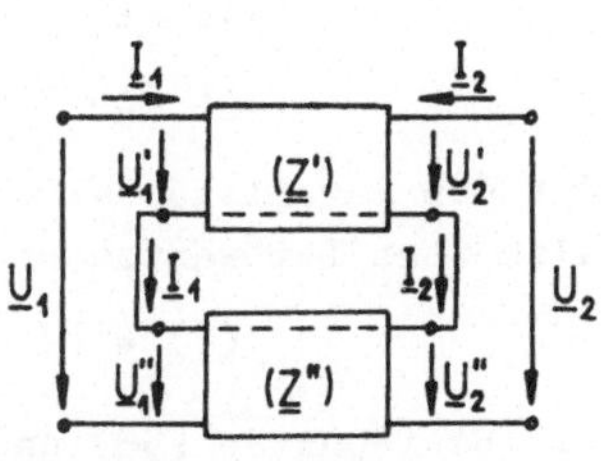

Bild 20 Serienschaltung
von Zweitoren

$$\begin{bmatrix} \underline{U}_1' \\ \underline{U}_2' \end{bmatrix} = (\underline{Z}') \begin{bmatrix} \underline{I}_1 \\ \underline{I}_2 \end{bmatrix} \quad , \quad \begin{bmatrix} \underline{U}_1'' \\ \underline{U}_2'' \end{bmatrix} = (\underline{Z}'') \begin{bmatrix} \underline{I}_1 \\ \underline{I}_2 \end{bmatrix}$$

$$\begin{bmatrix} \underline{U}_1 \\ \underline{U}_2 \end{bmatrix} = \begin{bmatrix} \underline{U}_1' + \underline{U}_1'' \\ \underline{U}_2' + \underline{U}_2'' \end{bmatrix} = \underbrace{[(\underline{Z}') + (\underline{Z}'')]}_{=(\underline{Z})} \begin{bmatrix} \underline{I}_1 \\ \underline{I}_2 \end{bmatrix}$$

Bei der Serienschaltung mehrerer Zweitore addieren sich also
ihre Widerstandsmatrizen:

$$(\underline{Z}) = (\underline{Z}_1) + (\underline{Z}_2) + (\underline{Z}_3) + \ldots \tag{36}$$

2.3.2 Parallelschaltung

Parallelschaltung z.B. zweier
Zweitore bedeutet Parallelschaltung ihrer Eingänge und
Parallelschaltung ihrer Ausgänge (Bild 21). An den Eingän-
gen der beiden Zweitore liegt
die gleiche Eingangsspannung und
an ihren Ausgängen die gleiche
Ausgangsspannung, die jeweiligen
Eingangs- und Ausgangsströme
addieren sich:

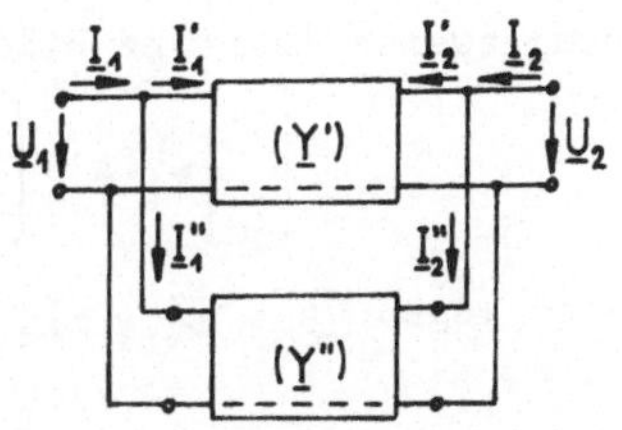

Bild 21 Parallelschaltung
von Zweitoren

$$\begin{pmatrix} \underline{I}_1' \\ \underline{I}_2' \end{pmatrix} = (\underline{Y}') \begin{pmatrix} \underline{U}_1 \\ \underline{U}_2 \end{pmatrix} \quad , \quad \begin{pmatrix} \underline{I}_1'' \\ \underline{I}_2'' \end{pmatrix} = (\underline{Y}'') \begin{pmatrix} \underline{U}_1 \\ \underline{U}_2 \end{pmatrix}$$

$$\begin{pmatrix} \underline{I}_1 \\ \underline{I}_2 \end{pmatrix} = \begin{pmatrix} \underline{I}_1' + \underline{I}_1'' \\ \underline{I}_2' + \underline{I}_2'' \end{pmatrix} = \underbrace{[(\underline{Y}') + (\underline{Y}'')]}_{=(\underline{Y})} \begin{pmatrix} \underline{U}_1 \\ \underline{U}_2 \end{pmatrix}$$

Bei der Parallelschaltung mehrerer Zweitore addieren sich also ihre Leitwertmatrizen:

$$(\underline{Y}) = (\underline{Y}_1) + (\underline{Y}_2) + (\underline{Y}_3) + \ldots \tag{37}$$

Die Beziehungen (36) und (37) sind nur dann gültig, wenn bei der Zusammenschaltung der Zweitore keine Schaltelemente kurzgeschlossen bzw. unwirksam werden. (Die gestrichelten Linien in den Bildern 20 und 21 deuten an, wie durchgehende Leitungen, z.B. Masseleitungen, verlaufen müssen).

2.3.3 Kettenschaltung

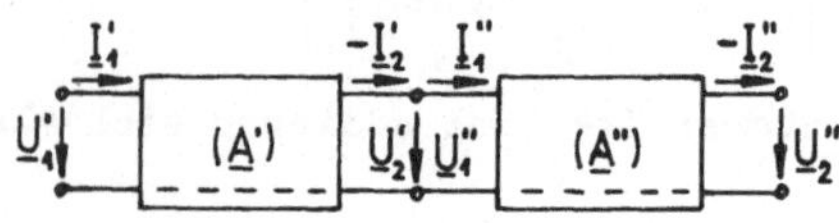

Bild 22 Kettenschaltung von Zweitoren

Bei der __Kettenschaltung__ (__Kaskadenschaltung__) von Zweitoren wird der Ausgang eines Zweitors mit dem Eingang des nächsten Zweitors verbunden. Für die Kettenschaltung zweier Zweitore Bild 22 gilt

$$\begin{pmatrix} \underline{U}_1' \\ \underline{I}_1' \end{pmatrix} = (\underline{A}') \begin{pmatrix} \underline{U}_2' \\ -\underline{I}_2' \end{pmatrix} \quad , \quad \begin{pmatrix} \underline{U}_1'' \\ \underline{I}_1'' \end{pmatrix} = (\underline{A}'') \begin{pmatrix} \underline{U}_2'' \\ -\underline{I}_2'' \end{pmatrix}$$

oder wegen $\underline{U}_2' = \underline{U}_1''$, $-\underline{I}_2' = \underline{I}_1''$

$$\begin{pmatrix} \underline{U}_1' \\ \underline{I}_1' \end{pmatrix} = \underbrace{(\underline{A}')(\underline{A}'')}_{=(\underline{A})} \begin{pmatrix} \underline{U}_2'' \\ -\underline{I}_2'' \end{pmatrix}$$

Bei der Kettenschaltung mehrerer Zweitore multiplizieren sich also ihre Kettenmatrizen:

$$(\underline{A}) = (\underline{A}_1)(\underline{A}_2)(\underline{A}_3) \ldots \qquad (38)$$

Die Reihenfolge bei der Multiplikation der einzelnen A-Matrizen entspricht der Reihenfolge der einzelnen Zweitore in der Kettenschaltung und darf daher nicht geändert werden. (Dies stimmt damit überein, daß das Matrizenprodukt nichtkommutativ ist, s. Anhang). Bei Berechnungen von Kettenschaltungen mehrerer Zweitore darf dagegen vom assoziativen Gesetz der Multiplikation Gebrauch gemacht werden. Für die A-Matrix von z.B. drei in Kette geschalteten Zweitoren gilt dann also

$$(\underline{A}) = \left[(\underline{A}_1)(\underline{A}_2)\right](\underline{A}_3) = (\underline{A}_1)\left[(\underline{A}_2)(\underline{A}_3)\right]$$

Die Serien-Parallelschaltung (Eingänge in Serie, Ausgänge parallel) und die Parallel-Serienschaltung (Eingänge parallel, Ausgänge in Serie) von Zweitoren sind in der Praxis von geringerer Bedeutung.

2.4 Reziprozitätstheorem und Zweitorklassen

2.4.1 Reziprozitätstheorem. Übertragungssymmetrische Zweitore

Für RLCÜ-Zweitore, also für alle passiven linearen Zweitore gilt das **Reziprozitätstheorem** (Umkehrungssatz):

> Ein an einem Tor eines RLCÜ-Zweitors eingeprägter Strom ruft in beiden Übertragungsrichtungen am anderen Tor die gleiche Leerlaufspannung hervor.

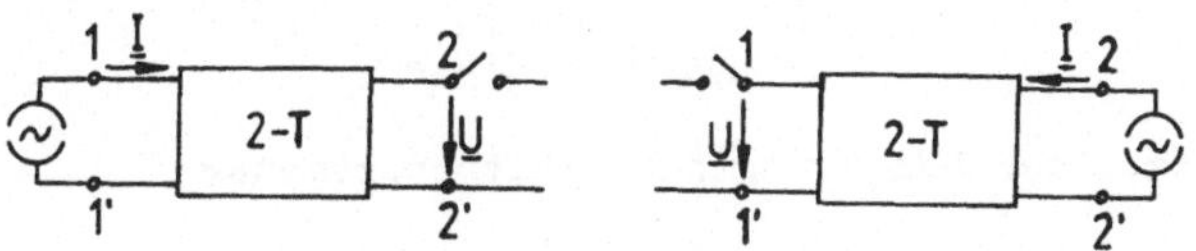

Bild 23   Zum Reziprozitätstheorem, formuliert
         mit der Leerlaufspannung

Der Inhalt des Reziprozitätstheorems ist anschaulich in
Bild 23 dargestellt. (Die Stromquelle ist als ideal angenommen). Für das RLCÜ-Zweitor gilt also

$$\left.\frac{U_2}{I_1}\right|_{I_2=0} = \left.\frac{U_1}{I_2}\right|_{I_1=0}$$

oder wegen der Bedeutung der Zweitorparameter (s. Tafel 2,
S. 36)

$$\underline{Z}_{21} = \underline{Z}_{12} \tag{39}$$

Das Reziprozitätstheorem kann auch in der folgenden zu oben
äquivalenten Form formuliert werden:

> Eine an einem Tor eines RLCÜ-Zweitors eingeprägte Span-
> nung ruft in beiden Übertragungsrichtungen am anderen Tor
> den gleichen Kurzschlußstrom hervor.

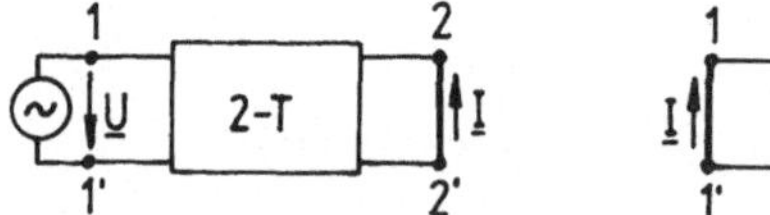

Bild 24 Zum Reziprozitätstheorem, formuliert
mit dem Kurzschlußstrom

Der Inhalt dieses Satzes ist anschaulich in Bild 24 dargestellt. (Die Spannungsquelle ist als ideal angenommen). Für
das RLCÜ-Zweitor gilt also auch

$$\left.\frac{I_2}{U_1}\right|_{U_2=0} = \left.\frac{I_1}{U_2}\right|_{U_1=0}$$

oder wegen der Bedeutung der Zweitorparameter

$$\underline{Y}_{21} = \underline{Y}_{12} \tag{40}$$

Die Beziehung (40) folgt wegen Gl.(39) auch direkt aus den
Umrechnungsbeziehungen Tafel 3 (S. 39).

Man kann sich leicht davon überzeugen, daß
das Reziprozitätstheorem in seinen beiden
Formulierungen z.B. von der Spannungstei-
lerschaltung Bild 25 erfüllt wird.
Ein Zweitor, das dem Reziprozitätstheorem
genügt, wird als <u>übertragungssymmetrisch</u>
(<u>kopplungssymmetrisch</u>) bezeichnet. Die mit-
unter gebräuchliche Bezeichnung "umkehrbar"
anstelle von übertragungssymmetrisch ist
nicht empfehlenswert.

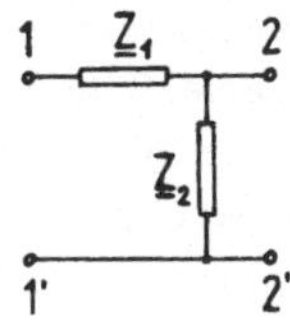

Bild 25 Span-
nungsteiler

Die Bedingung (39) oder (40) ist wegen der Umrechnungsbeziehungen Tafel 3 äquivalent mit der Bedingung

$$\Delta \underline{A} = 1$$

Für ein übertragungssymmetrisches Zweitor gelten also die
folgenden Beziehungen:

$$\left| \; \underline{Z}_{12} = \underline{Z}_{21} \; , \; \underline{Y}_{12} = \underline{Y}_{21} \; , \; \Delta \underline{A} = 1 \right. \tag{41}$$

Die Zahl der unabhängigen Parameter ist folglich beim übertragungssymmetrischen Zweitor auf 3 reduziert (gegenüber 4
beim allgemeinen Zweitor). Die Betriebsübertragungseigen-
schaften eines übertragungssymmetrischen Zweitors sind in
beiden Richtungen vollkommen gleich. Die Verstärkung eines
<u>aktiven</u> Zweitors ist dagegen in beiden Übertragungsrichtun-
gen gewöhnlich unterschiedlich. Aktive Zweitore sind daher
i. allg. nicht übertragungssymmetrisch.

2.4.2 Widerstandssymmetrische Zweitore

Übertragungssymmetrie eines Zweitors bedeutet <u>nicht</u>, daß das
Zweitor in seinem Innern symmetrisch aufgebaut sein muß.
Übertragungssymmetrische Zweitore können sowohl widerstands-
symmetrisch als auch widerstandsunsymmetrisch aufgebaut sein.
Ein übertragungssymmetrisches Zweitor stellt z.B. die T-
Schaltung Bild 18 dar. Ist dagegen der Widerstand $\underline{Z}_3 = \underline{Z}_1$,
so stellt die T-Schaltung ein <u>widerstandssymmetrisches Zwei-
tor</u> dar.

Bei der Umkehr der Betriebsrichtung eines widerstandssymmetrischen Zweitors ändern sich die Spannung und der Strom am anderen Tor nicht (bei beliebiger Belastung). Die Leerlaufwiderstände und die Kurzschlußleitwerte eines widerstandssymmetrischen Zweitors sind daher an beiden Toren jeweils einander gleich:

$$\underline{Z}_{11} = \underline{Z}_{22} \; , \; \underline{Y}_{11} = \underline{Y}_{22}$$

Jede dieser beiden Bedingungen ist wegen der Umrechnungsbeziehungen Tafel 3 äquivalent mit der Bedingung

$$\underline{A}_{11} = \underline{A}_{22}$$

Für ein widerstandssymmetrisches Zweitor gelten also die folgenden Beziehungen:

$$\left| \; \underline{Z}_{11} = \underline{Z}_{22} \; , \; \underline{Y}_{11} = \underline{Y}_{22} \; , \; \underline{A}_{11} = \underline{A}_{22} \right. \tag{42}$$

Ein widerstandssymmetrisches Zweitor wird folglich nur durch 2 unabhängige Parameter beschrieben. Ein widerstandssymmetrisches Zweitor ist gewöhnlich auch übertragungssymmetrisch. Eine Ausnahme bildet der Gyrator (s. 2.5.3). Dieser stellt ein widerstandssymmetrisches Zweitor mit $\Delta\underline{A} = -1$ dar. Der Gyrator ist also trotz vorhandener Widerstandssymmetrie übertragungsunsymmetrisch.

2.5 Matrizen wichtiger Zweitore

2.5.1 Längs- und Querwiderstand

a) Längswiderstand

Ein Zweipol mit dem komplexen Widerstand $\underline{Z} = 1/\underline{Y}$ kann zusammen mit einem Stück seiner Rückleitung zum Generator als ein Zweitor angesehen werden (Bild 26). Dann gelten die Beziehungen

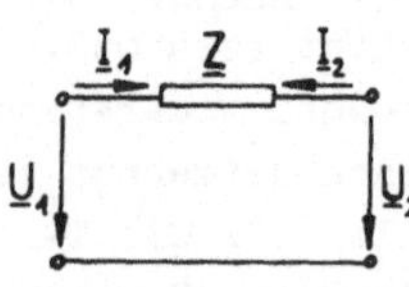

$$\underline{U}_1 = \underline{U}_2 + \underline{Z}(-\underline{I}_2)$$
$$\underline{I}_1 = \qquad\quad -\underline{I}_2$$

Bild 26 Längswiderstand
      als Zweitor

Die A-Matrix lautet also

$$(\underline{A}) = \begin{pmatrix} 1 & \underline{Z} \\ 0 & 1 \end{pmatrix} \tag{43}$$

Aus den Umrechnungsbeziehungen Tafel 3 (S. 39) folgt dann

$$(\underline{Z}) = \begin{bmatrix} \infty \end{bmatrix} \ , \quad (\underline{Y}) = \begin{pmatrix} \underline{Y} & -\underline{Y} \\ -\underline{Y} & \underline{Y} \end{pmatrix} \tag{44}$$

$$\text{nicht existent}$$

b) Querwiderstand

Ein Zweipol mit dem komplexen Leitwert $\underline{Y} = 1/\underline{Z}$ liegt z.B. als Querzweig in einer Schaltung oder als Isolationswiderstand in einer Doppelleitung (Bild 27). Dann gilt

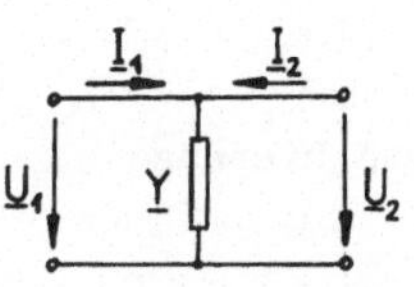

$$\underline{U}_1 = \underline{U}_2$$
$$\underline{I}_1 = \underline{Y}\underline{U}_2 + (-\underline{I}_2)$$

folglich

Bild 27 Querwiderstand als Zweitor

$$(\underline{A}) = \begin{pmatrix} 1 & 0 \\ \underline{Y} & 1 \end{pmatrix} \tag{45}$$

Aus den Umrechnungsbeziehungen Tafel 3 folgt

$$(\underline{Z}) = \begin{pmatrix} \underline{Z} & \underline{Z} \\ \underline{Z} & \underline{Z} \end{pmatrix} \ , \quad (\underline{Y}) = \begin{bmatrix} \infty \end{bmatrix} \tag{46}$$

2.5.2 Idealer Übertrager

Der Übertrager (Wicklungsübertrager) besteht aus zwei magnetisch gekoppelten Spulen mit den Induktivitäten L_1 und L_2 und den Windungszahlen N_1 und N_2 (Bild 28). Der _ideale Übertrager_ ist ein Übertrager ohne Streuung und Verluste, dessen Magnetisierungsstrom gleich Null ist ($L_1 \longrightarrow \infty$ und $L_2 \longrightarrow \infty$).

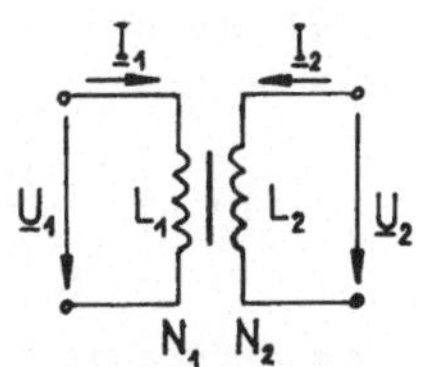

Bild 28 Übertrager

Das <u>Übersetzungsverhältnis</u> $ü = N_1/N_2$ der Windungszahlen ist beim idealen Übertrager

$$ü = \sqrt{\frac{L_1}{L_2}} \qquad (47)$$

Aus den Gleichungen des idealen Übertragers

$$\underline{U}_1 = ü\underline{U}_2$$
$$\underline{I}_1 = \frac{1}{ü}(-\underline{I}_2) \qquad (48)$$

folgt

$$(\underline{A}) = \begin{pmatrix} ü & 0 \\ 0 & \frac{1}{ü} \end{pmatrix} \qquad (49)$$

und hieraus

$$(\underline{Z}) = \begin{bmatrix} \infty \end{bmatrix} \quad , \quad (\underline{Y}) = \begin{bmatrix} \infty \end{bmatrix}$$

2.5.3 Gyrator

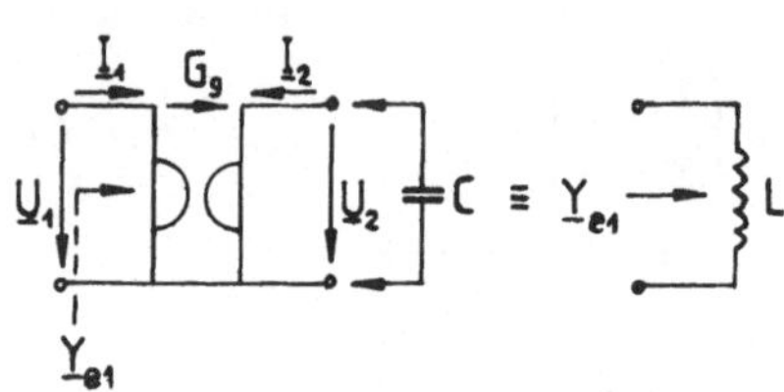

Bild 29 Kapazitiv belasteter Gyrator als Induktivität

Für den <u>idealen</u> (verlustlosen) <u>Gyrator</u> (Schaltzeichen Bild 29 links) gelten die Gleichungen

$$\underline{I}_1 = G_g\underline{U}_2$$
$$\underline{I}_2 = -G_g\underline{U}_1 \qquad (50)$$

G_g in (50) ist der reelle <u>Gyrationsleitwert</u>.

Aus (50) und den Umrechnungsbeziehungen Tafel 3 ergeben sich die Zweitormatrizen

$$(\underline{Y}) = \begin{pmatrix} 0 & G_g \\ -G_g & 0 \end{pmatrix} \quad , \quad (\underline{Z}) = \begin{pmatrix} 0 & -R_g \\ R_g & 0 \end{pmatrix} \quad , \quad (\underline{A}) = \begin{pmatrix} 0 & R_g \\ G_g & 0 \end{pmatrix} \quad (51)$$

mit dem <u>Gyrationswiderstand</u> $R_g = 1/G_g$ und $\Delta\underline{A} = -1$.
Wird der Gyrator an seinem Ausgang mit einer Kapazität C abgeschlossen, so wird der Eingangsleitwert der Schaltung

wegen (50)

$$\underline{Y}_{e1} = \frac{\underline{I}_1}{\underline{U}_1} = G_g^2 \frac{\underline{U}_2}{-\underline{I}_2} = G_g^2 \frac{1}{j\omega C} = \frac{1}{j\omega L} \qquad (52)$$

Am Gyratoreingang wird also die Induktivität $L = C/G_g^2 = R_g^2 C$ simuliert, also das zu C _duale_ Schaltelement. (R_g ist mit der Dualitätsinvariante R_o, 1.4 identisch). Durch den kapazitiv belasteten Gyrator können daher in L-haltigen Schaltungen, z.B. in Filterschaltungen, Spulen ersetzt werden. Der Gyrator stellt einen _Dualübertrager_ (_Dualübersetzer_) dar, d.h. er erzeugt an seinem Eingang aus der Abschlußadmittanz $\underline{Y}_2$ die dazu duale Admittanz $\underline{Y}_{e1} = G_g^2/\underline{Y}_2$. Der Gyrator kann mit zwei spannungsgesteuerten Stromquellen gemäß Bild 30 dargestellt werden. Er kann z.B. mit zwei Operationsverstärkern und äußeren Wirkwiderständen oder vollständig in integrierter Schaltungstechnik realisiert werden.

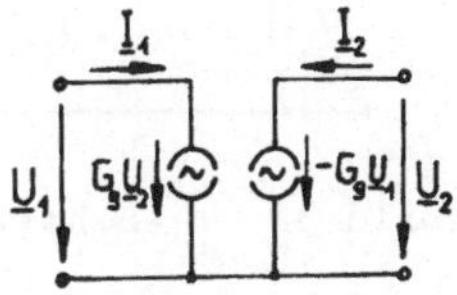

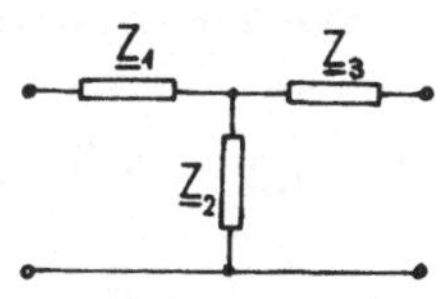

Bild 30 Gyrator, dargestellt mit zwei spannungsgesteuerten Stromquellen

Die bisher betrachteten Zweitore sind nur durch einen einzigen Parameter, z.B. einen Widerstand, bestimmt. Man bezeichnet solche Zweitore als _Elementarzweitore_.

2.5.4 T- und Π-Schaltung

a) T-Schaltung

Die T-Schaltung stellt eine Kettenschaltung aus den Elementarzweitoren Längswiderstand - Querwiderstand - Längswiderstand dar (Bild 31). Für ihre A-Matrix folgt daher

Bild 31 T-Schaltung

$$(\underline{A}) = (\underline{A}_1)(\underline{A}_2)(\underline{A}_3) = \begin{pmatrix} 1 & \underline{Z}_1 \\ 0 & 1 \end{pmatrix} \begin{pmatrix} 1 & 0 \\ 1/\underline{Z}_2 & 1 \end{pmatrix} \begin{pmatrix} 1 & \underline{Z}_3 \\ 0 & 1 \end{pmatrix}$$

und hieraus

$$(\underline{A}) = \begin{pmatrix} 1+\dfrac{\underline{Z}_1}{\underline{Z}_2} & \underline{Z}_1+\underline{Z}_3(1+\dfrac{\underline{Z}_1}{\underline{Z}_2}) \\[2ex] \dfrac{1}{\underline{Z}_2} & 1+\dfrac{\underline{Z}_3}{\underline{Z}_2} \end{pmatrix} \qquad (53)$$

b) Π-Schaltung

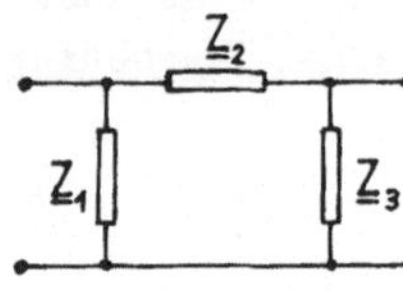

Die Π-Schaltung stellt eine Kettenschaltung aus den Elementarzweitoren Querwiderstand - Längswiderstand - Querwiderstand dar (Bild 32). Dann gilt also

Bild 32 Π-Schaltung

$$(\underline{A}) = (\underline{A}_1)(\underline{A}_2)(\underline{A}_3) = \begin{bmatrix} 1 & 0 \\ 1/\underline{Z}_1 & 1 \end{bmatrix} \begin{bmatrix} 1 & \underline{Z}_2 \\ 0 & 1 \end{bmatrix} \begin{bmatrix} 1 & 0 \\ 1/\underline{Z}_3 & 1 \end{bmatrix}$$

und hieraus

$$(\underline{A}) = \begin{pmatrix} 1+\dfrac{\underline{Z}_2}{\underline{Z}_3} & \underline{Z}_2 \\[2ex] \dfrac{1}{\underline{Z}_1}+\dfrac{1}{\underline{Z}_3}(1+\dfrac{\underline{Z}_2}{\underline{Z}_1}) & 1+\dfrac{\underline{Z}_2}{\underline{Z}_1} \end{pmatrix} \qquad (54)$$

Die Z- und Y-Matrizen der T- und Π-Schaltung ergeben sich aus den Umrechnungsbeziehungen Tafel 3. Die T- und Π-Schaltung stellen wichtige <u>Ersatzschaltungen</u> passiver Zweitore dar.

<u>Beispiel 5</u>: Es soll die A-Matrix der Dämpfungskette Bild 33 mit R = 1 kΩ berechnet werden.

Es liegt eine Kettenschaltung z.B. aus einem Π-Glied mit $\underline{Z}_1 = \underline{Z}_2 = \underline{Z}_3 = R$, einem Längswiderstand $\underline{Z} = R$ und dem Π-Glied vor. Dann folgt

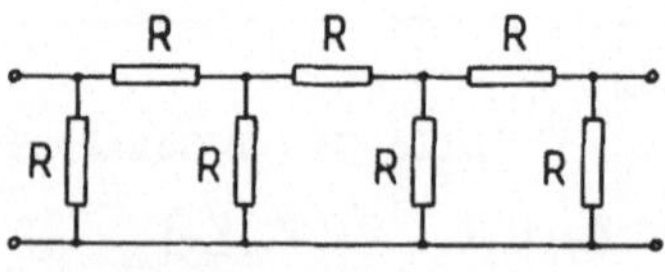

Bild 33 Dämpfungskette

also wegen (54) und (43)

$$(\underline{A}) = (\underline{A}_\pi)(\underline{A}_z)(\underline{A}_\pi) = \begin{pmatrix} 2 & R \\ 3/R & 2 \end{pmatrix}\begin{pmatrix} 1 & R \\ 0 & 1 \end{pmatrix}\begin{pmatrix} 2 & R \\ 3/R & 2 \end{pmatrix}$$

$$= \begin{pmatrix} 13 & 8R \\ 21/R & 13 \end{pmatrix} = \begin{pmatrix} 13 & 8\ k\Omega \\ 21\ mS & 13 \end{pmatrix}$$

2.6 Betriebsparameter des Zweitors

2.6.1 Eingangs- und Ausgangswiderstand, Spannungs- und Stromübertragungsfaktor

Das Zweitor wird zwischen
einem Generator mit der
Quellenspannung $\underline{U}_0$ und dem
komplexen Innenwiderstand

$$\underline{Z}_1 = R_1 + jX_1 = 1/\underline{Y}_1 \quad (55)$$

und einem Verbraucher mit
dem komplexen Lastwider-
stand

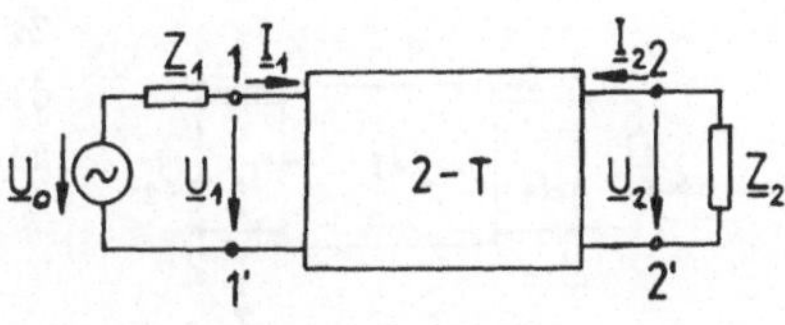

Bild 34   Zweitorbetriebsschaltung

$$\underline{Z}_2 = R_2 + jX_2 = 1/\underline{Y}_2 \quad (56)$$

betrieben (Betriebsschaltung Bild 34. Man kann den speisenden Generator statt durch eine Spannungsquelle auch durch
eine äquivalente Stromquelle gemäß 1.1.2 darstellen).

Als Eingangswiderstand des Zweitors wird der komplexe Widerstand
zwischen den Eingangsklemmen 1-1'

$$\underline{Z}_{e1} = \frac{\underline{U}_1}{\underline{I}_1} \quad (57)$$

bezeichnet, wenn das Zweitor mit
dem beliebigen Widerstand

$$\underline{Z}_2 = -\frac{\underline{U}_2}{\underline{I}_2} \quad (58)$$

abgeschlossen ist (Bild 35). Mit den

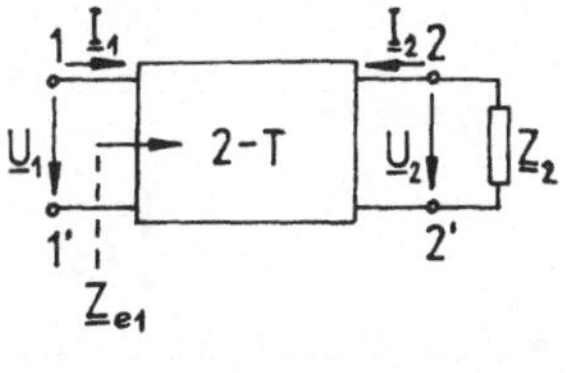

Bild 35   Zur Definition des
Zweitor-Eingangs-
widerstandes

Kettengleichungen (26) folgt

$$\underline{Z}_{e1} = \frac{\underline{A}_{11}\underline{U}_2 + \underline{A}_{12}(-\underline{I}_2)}{\underline{A}_{21}\underline{U}_2 + \underline{A}_{22}(-\underline{I}_2)} = \frac{\underline{A}_{11}\dfrac{\underline{U}_2}{-\underline{I}_2} + \underline{A}_{12}}{\underline{A}_{21}\dfrac{\underline{U}_2}{-\underline{I}_2} + \underline{A}_{22}}$$

und hieraus wegen (58)

$$\underline{Z}_{e1} = \frac{\underline{U}_1}{\underline{I}_1} = \frac{\underline{A}_{11}\underline{Z}_2 + \underline{A}_{12}}{\underline{A}_{21}\underline{Z}_2 + \underline{A}_{22}} \tag{59}$$

Die Gl.(59) beschreibt die <u>Impedanztransformation</u> des Lastwiderstandes $\underline{Z}_2$ auf den Eingang des Zweitors.

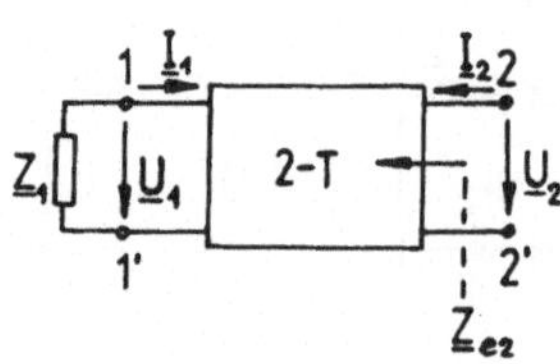

Bild 36 Zur Definition des
Zweitor-Ausgangs-
widerstandes

Als <u>Ausgangswiderstand</u> des Zweitors wird der komplexe Widerstand zwischen den Ausgangsklemmen 2-2'

$$\underline{Z}_{e2} = \frac{\underline{U}_2}{\underline{I}_2} \tag{60}$$

bezeichnet, wenn das Zweitor von rückwärts gespeist wird und der Zweitoreingang mit dem beliebigen Widerstand $\underline{Z}_1$ abgeschlossen ist (Bild 36). Mit

den Kettengleichungen (26) folgt

$$\underline{Z}_1 = -\frac{\underline{U}_1}{\underline{I}_1} = -\frac{\underline{A}_{11}\underline{U}_2 + \underline{A}_{12}(-\underline{I}_2)}{\underline{A}_{21}\underline{U}_2 + \underline{A}_{22}(-\underline{I}_2)}$$

und hieraus

$$\underline{Z}_{e2} = \frac{\underline{U}_2}{\underline{I}_2} = \frac{\underline{A}_{12} + \underline{A}_{22}\underline{Z}_1}{\underline{A}_{11} + \underline{A}_{21}\underline{Z}_1} \tag{61}$$

Aus den Gln. (26) folgt wegen (58)

$$\frac{\underline{U}_1}{\underline{U}_2} = \underline{A}_{11} + \underline{A}_{12}\frac{-\underline{I}_2}{\underline{U}_2} = \underline{A}_{11} + \frac{\underline{A}_{12}}{\underline{Z}_2}$$

Hieraus ergibt sich der <u>Spannungsübertragungsfaktor</u> des Zweitors

$$\left| \underline{H}_u = \frac{\underline{U}_2}{\underline{U}_1} = \frac{\underline{Z}_2}{\underline{A}_{11}\underline{Z}_2 + \underline{A}_{12}} \right. \qquad (62)$$

Aus den Gln.(26) folgt weiterhin

$$\frac{\underline{I}_1}{\underline{I}_2} = \underline{A}_{21}\frac{\underline{U}_2}{\underline{I}_2} - \underline{A}_{22} = -\underline{A}_{21}\underline{Z}_2 - \underline{A}_{22}$$

und hieraus der <u>Stromübertragungsfaktor</u> des Zweitors

$$\left| \underline{H}_i = \frac{\underline{I}_2}{\underline{I}_1} = \frac{-1}{\underline{A}_{21}\underline{Z}_2 + \underline{A}_{22}} \right. \qquad (63)$$

Wichtige Betriebsparameter des Zweitors, ausgedrückt durch
die verschiedenen Zweitorparameter, sind in der Tafel 4 zusammengestellt.

2.6.2 Betriebsübertragungsfaktor und Betriebsdämpfungsmaß

Von einem Generator mit dem Innenwiderstand $\underline{Z}_1$ wird dann das Maximum der
<u>komplexen Leistung</u> $\underline{N} = \underline{U}\underline{I}$ an einen an-
geschlossenen Verbraucher $\underline{Z}_2$ abgege-
ben, wenn der Generator mit seinem Innenwiderstand belastet wird (Bild 37):

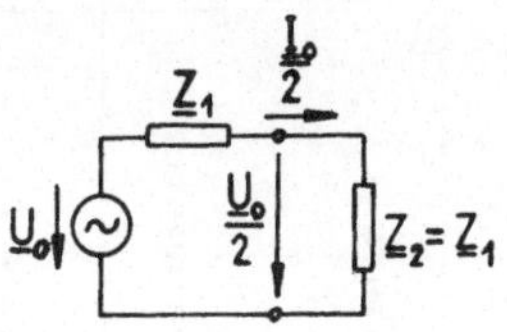

$$\underline{Z}_2 = \underline{Z}_1 \qquad (64)$$

Gl.(64) ist also die Bedingung für
die <u>Anpassung auf maximale komplexe
Leistung</u>. (Es hat sich in der Zweitortheorie als zweckmäßig erwiesen,

Bild 37 Generatoran-
passung auf
maximale kom-
plexe Leistung

die komplexe Leistung $\underline{N} = \underline{U}\underline{I}$ anstelle der Scheinleistung
$\underline{S} = \underline{U}\underline{I}^*$ zu verwenden). Für die Klemmengrößen im Stromkreis
ergibt sich in diesem Anpassungsfall

$$\underline{U}_{anp} = \underline{U}_o/2 \ , \quad \underline{I}_{anp} = \underline{U}_o/2\underline{Z}_1 = \underline{I}_o/2 \qquad (65)$$

wobei $\underline{I}_o$ der Kurzschlußstrom des Generators ist. Für die
<u>verfügbare</u> (d.h. maximal abgebbare) <u>komplexe Leistung</u> des
Generators folgt dann

$$\underline{N}_{max} = \underline{U}_{anp}\underline{I}_{anp} = \underline{U}_o^2/4\underline{Z}_1 \qquad (66)$$

<u>Tafel 4</u> Betriebsparameter des Zweitors

	Z-Parameter	Y-Parameter	A-Parameter	h-Parameter
$\underline{Z}_{e1} = \dfrac{\underline{U}_1}{\underline{I}_1}$	$\dfrac{\Delta\underline{Z} + \underline{Z}_{11}\underline{Z}_2}{\underline{Z}_{22} + \underline{Z}_2}$	$\dfrac{\underline{Y}_{22} + \underline{Y}_2}{\Delta\underline{Y} + \underline{Y}_{11}\underline{Y}_2}$	$\dfrac{\underline{A}_{11}\underline{Z}_2 + \underline{A}_{12}}{\underline{A}_{21}\underline{Z}_2 + \underline{A}_{22}}$	$\dfrac{\underline{h}_{11} + \Delta\underline{h}\underline{Z}_2}{1 + \underline{h}_{22}\underline{Z}_2}$
$\underline{Z}_{e2} = \dfrac{\underline{U}_2}{\underline{I}_2}$	$\dfrac{\Delta\underline{Z} + \underline{Z}_{22}\underline{Z}_1}{\underline{Z}_{11} + \underline{Z}_1}$	$\dfrac{\underline{Y}_{11} + \underline{Y}_1}{\Delta\underline{Y} + \underline{Y}_{22}\underline{Y}_1}$	$\dfrac{\underline{A}_{12} + \underline{A}_{22}\underline{Z}_1}{\underline{A}_{11} + \underline{A}_{21}\underline{Z}_1}$	$\dfrac{\underline{h}_{11} + \underline{Z}_1}{\Delta\underline{h} + \underline{h}_{22}\underline{Z}_1}$
$\underline{H}_u = \dfrac{\underline{U}_2}{\underline{U}_1}$	$\dfrac{\underline{Z}_{21}\underline{Z}_2}{\Delta\underline{Z} + \underline{Z}_{11}\underline{Z}_2}$	$\dfrac{-\underline{Y}_{21}}{\underline{Y}_{22} + \underline{Y}_2}$	$\dfrac{\underline{Z}_2}{\underline{A}_{11}\underline{Z}_2 + \underline{A}_{12}}$	$\dfrac{-\underline{h}_{21}\underline{Z}_2}{\underline{h}_{11} + \Delta\underline{h}\underline{Z}_2}$
$\underline{H}_i = \dfrac{\underline{I}_2}{\underline{I}_1}$	$\dfrac{-\underline{Z}_{21}}{\underline{Z}_{22} + \underline{Z}_2}$	$\dfrac{\underline{Y}_{21}\underline{Y}_2}{\Delta\underline{Y} + \underline{Y}_{11}\underline{Y}_2}$	$\dfrac{-1}{\underline{A}_{21}\underline{Z}_2 + \underline{A}_{22}}$	$\dfrac{\underline{h}_{21}}{1 + \underline{h}_{22}\underline{Z}_2}$

Wird ein Zweitor zwischen die beiden Abschlußwiderstände $\underline{Z}_1$ und $\underline{Z}_2$ geschaltet (Bild 34), so fällt am Verbraucher $\underline{Z}_2$ die Ausgangsspannung $\underline{U}_2$ ab, und durch $\underline{Z}_2$ fließt der Ausgangsstrom

$$-\underline{I}_2 = \underline{U}_2/\underline{Z}_2 \tag{67}$$

Die von $\underline{Z}_2$ aufgenommene Leistung ist dann

$$\underline{N}_2 = \underline{U}_2(-\underline{I}_2) = \underline{U}_2^2/\underline{Z}_2 \tag{68}$$

Wir setzen

$$\underline{H}_B = \frac{1}{\underline{D}_B} = \sqrt{\frac{N_2}{N_{max}}} \tag{69}$$

$\underline{H}_B$ wird als der <u>Betriebsübertragungsfaktor</u> (<u>Transmittanz</u>) und $\underline{D}_B$ als der komplexe <u>Betriebsdämpfungsfaktor</u> bezeichnet. Aus (69) folgt wegen (66) und (68)

$$\underline{H}_B = e^{-\underline{g}_B} = \frac{U_2}{U_0/2}\sqrt{\frac{Z_1}{Z_2}} \tag{70}$$

Der Exponent in (70)

$$\underline{g}_B = a_B + jb_B = -\ln \underline{H}_B = \ln \underline{D}_B \tag{71}$$

wird als das komplexe <u>Betriebsdämpfungsmaß</u> bezeichnet. Der Realteil von $\underline{g}_B$

$$a_B/\mathrm{Np} = -\ln H_B \tag{72}$$

wird als die <u>Betriebsdämpfung</u> und der Imaginärteil b_B als die <u>Betriebsphase</u>, d.i. der Phasenwinkel $\varphi_{u_0 u_2}$ zwischen den komplexen Spannungen $\underline{U}_0$ und $\underline{U}_2$, des Übertragungssystems bezeichnet. Ein <u>Neper</u>, <u>Np</u> ist die Einheit (Scheineinheit) der Dämpfung, die auf dem natürlichen Logarithmus $\ln$ (mit der Basis $e = 2{,}718$) beruht. Als Dämpfungseinheit wird heute jedoch gewöhnlich das <u>Dezibel</u>, <u>dB</u> benutzt, das auf dem dekadischen (Briggschen) Logarithmus $\lg$ (mit der Basis 10) beruht. Dann gilt

$$a_B/\mathrm{dB} = -20 \lg H_B \tag{73}$$

Es gelten die Umrechnungsformeln

$$1 \text{ dB} = \frac{\ln 10}{20} \text{ Np} = 0,1151 \text{ Np}, \quad 1 \text{ Np} = 8,686 \text{ dB} \qquad (74)$$

Für passive Zweitore ist $H_B \leqq 1$, $a_B \geqq 0$, für aktive Zweitore
$H_B > 1$, $a_B < 0$.

Bei <u>reellem</u> Generatorinnenwiderstand $\underline{Z}_1 = R_1$ ergibt sich als
Bedingung für die <u>Anpassung auf maximale Wirkleistung</u>
$\underline{Z}_2 = R_2 = R_1$. Die <u>verfügbare Wirkleistung</u> des Generators ist
dann

$$P_{max} = U_o^2/4R_1 \qquad (75)$$

(Bei komplexem Generatorinnenwiderstand $\underline{Z}_1$ ergibt sich P_{max}
aus der Anpassungsbedingung $\underline{Z}_2 = \underline{Z}_1{}^*$, wobei $\underline{Z}_1{}^*$ der zu $\underline{Z}_1$
konjugiert komplexe Widerstand ist). Wird ein Zweitor zwi-
schen die beiden Abschlußwiderstände R_1 und R_2 geschaltet,
so ist die an R_2 abgegebene Wirkleistung

$$P_2 = U_2^2/R_2 \qquad (76)$$

Für den Betrag des Betriebsübertragungsfaktors folgt dann
aus (75) und (76)

$$\left| \quad H_B = \sqrt{\frac{P_2}{P_{max}}} = e^{-a_B} = \frac{U_2}{U_o/2}\sqrt{\frac{R_1}{R_2}} \right. \qquad (77)$$

Der Betriebsübertragungsfaktor $\underline{H}_B$ kann mit den Zweitorparametern ausgedrückt werden. Bei Berücksichtigung von Bild 34
gilt z.B. wegen (26)

$$\underline{U}_1 = \underline{A}_{11}\underline{U}_2 + \underline{A}_{12}(-\underline{I}_2) = \underline{U}_o - \underline{Z}_1\underline{I}_1$$
$$\underline{I}_1 = \underline{A}_{21}\underline{U}_2 + \underline{A}_{22}(-\underline{I}_2)$$

Hieraus folgt

$$\underline{A}_{11}\underline{U}_2 = \underline{U}_o - \underline{A}_{12}(-\underline{I}_2) - \underline{Z}_1\,\underline{A}_{21}\underline{U}_2 + \underline{A}_{22}(-\underline{I}_2)$$

Setzen wir hierin $-\underline{I}_2 = \underline{U}_2/\underline{Z}_2$, so ergibt sich für den Betriebsübertragungsfaktor (70)

$$\left| \quad \underline{H}_B = \frac{2}{\underline{A}_{11}\sqrt{\dfrac{\underline{Z}_2}{\underline{Z}_1}} + \dfrac{\underline{A}_{12}}{\sqrt{\underline{Z}_1\underline{Z}_2}} + \underline{A}_{21}\sqrt{\underline{Z}_1\underline{Z}_2} + \underline{A}_{22}\sqrt{\dfrac{\underline{Z}_1}{\underline{Z}_2}}} \right. \qquad (78)$$

2.6.3 Gruppen- und Phasenlaufzeit. Signalverzerrungen

Die Übertragungsgeschwindigkeit eines Signals ist zwar sehr
groß, aber endlich, nämlich $\leqq$ Lichtgeschwindigkeit. Daher
ist eine bestimmte Laufzeit eines Signals zum Durchlaufen
eines Übertragungszweitors (Kabel, Verstärker, Richtfunk-
strecke, Siebschaltung usw.) erforderlich. Ein Signal (d.i.
eine Wellengruppe) kann nur durch Modulation z.B. einer Sinuswelle oder in Form von Impulsen übertragen werden. (Durch
eine reine Sinuswelle kann keine Information bzw. kein Signal übertragen werden). Überlagert man z.B. einzelne Sinus-
wellen mit verschiedenen
Amplituden $A_n(\omega)$ und
Kreisfrequenzen ω_n, die
alle innerhalb eines re-
lativ kleinen Bereiches
$\Delta\omega \ll \omega_n$ liegen (Bild 38
a, z.B. Wechselstromim-
puls), so ergibt sich
ein resultierender Span-
nungsverlauf u(t) mit ei-
nem ausgeprägten Amplitu-
den- (Energie-)Zentrum
(Bild 38 b, seine Zeit-

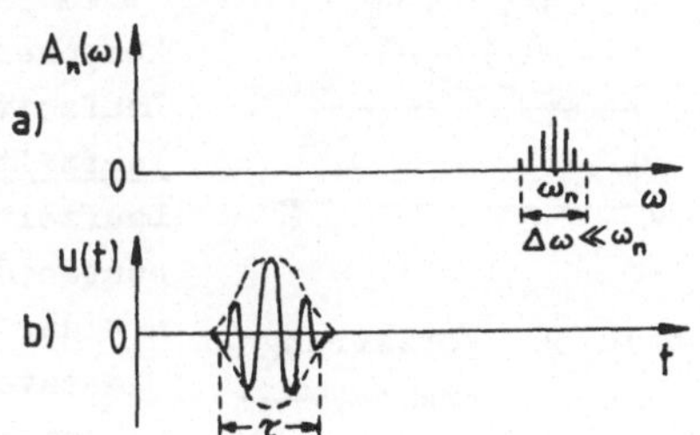

Bild 38 a)Amplitudenspektrum,
b)zeitlicher Verlauf
eines Signals

dauer ist gemäß dem "Zeitgesetz" der Nachrichtentechnik
$\tau = 2\pi/\Delta\omega = 1/\Delta f$). Der Differentialquotient

$$\left| \quad t_g = \frac{db_B}{d\omega} \right. \tag{79}$$

bestimmt die Ausbreitungszeit der Hüllkurve des Signals,
also die Zeit, die das Amplitudenmaximum der Wellengruppe
(Maximum der Hüllkurve) zum Durchlaufen des Übertragungszweitors benötigt. Die Größe t_g wird als die Gruppenlaufzeit
(Signallaufzeit) bezeichnet. Sie wird in der Nachrichtentechnik häufig anstelle der Betriebsphase b_B angegeben.
Bei der Signalübertragung wird angestrebt, das Signal möglichst verzerrungsfrei, d.h. ohne Änderung der Kurvenform

(originalgetreu) vom Eingang zum Ausgang des Übertragungszweitors zu übertragen. Die Signalübertragung ist verzerrungsfrei, wenn die Übertragung einer jeden Frequenzkompo-
nente des Signals mit der gleichen Dämpfung (bzw. Verstärkung) a_{BO} und der gleichen Laufzeit $t_g = t_p$ erfolgt:

$$\frac{da_B}{d\omega} = 0 \text{ , also } a_B = a_{BO} \tag{80}$$

$$\frac{db_B}{d\omega} = t_p, \text{ also } b_B = t_p\omega \text{ bzw. } t_p = \frac{b_B}{\omega} \tag{81}$$

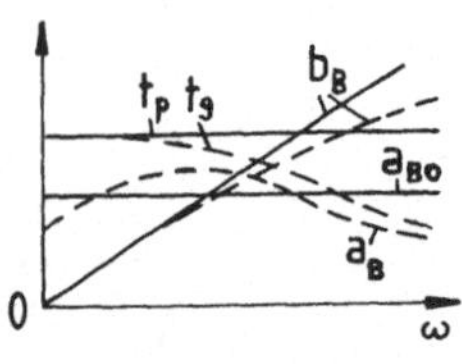

Bild 39 Verzerrungs-
freie (——)
und verzerrte
(– –) Signal-
übertragung

a_{BO} und t_p sind hierbei Konstanten
(Bild 39). Die für alle Frequenzkomponenten des Signals gleiche
Laufzeit t_p wird als die _Phasen-
laufzeit_ bezeichnet. Konstante
Laufzeit t_p für alle Frequenzkomponenten des Signals bedeutet eine
mit der Frequenz _linear_ ansteigende
Phasenverzögerung $b_B = t_p\omega$ der einzelnen Frequenzkomponenten.
Eine verzerrungsfreie Signalübertragung ist mit einem realen Über-
tragungszweitor nur angenähert er-
zielbar (z.B. mit einem verlustarmen Kabel, 4.3.2). Ist die
Bedingung (80) nicht erfüllt, gilt also $a_B = a_B(\omega)$, so liegen _Dämpfungsverzerrungen_ vor (z.B. strichlierter Verlauf
Bild 39). Sie werden z.B. durch auftretende Kapazitäten in
Verstärkern hervorgerufen. Ist die Bedingung (81) nicht erfüllt, gilt also $t_g = t_g(\omega)$, so liegen _Laufzeitverzerrungen_
(bzw. _Phasenverzerrungen_) vor (z.B. strichlierte Verläufe
Bild 39). Dämpfungs- und Laufzeitverzerrungen werden gemein-
sam als _lineare Verzerrungen_ bezeichnet. Im Gegensatz dazu
werden _nichtlineare Verzerrungen_ durch nichtlineare Bauelemente im Übertragungssystem hervorgerufen. Sie werden z.B.
bei starker Aussteuerung von Transistoren erzeugt. Nichtlineare Verzerrungen sind durch das Auftreten neuer, im Origi-

nalsignal nicht enthaltener Frequenzen gekennzeichnet. Dämpfungs- und Laufzeitverzerrungen (und ebenso die nichtlinearen Verzerrungen) verändern die Kurvenform des übertragenen Signals und sind daher meist sehr störend, z.B. bei Telegrafie und Fernsehen. Durch Kombination von Schaltungen mit entgegengesetzter Frequenzabhängigkeit der Dämpfung oder der Gruppenlaufzeit kann ein Dämpfungs- oder Laufzeitausgleich im verzerrten Signal erreicht werden: <u>Dämpfungs-</u> bzw. <u>Laufzeitentzerrung</u>.

2.7 Streuparameter des Zweitors

2.7.1 Normierte Wellen. Streugleichungen

Bei Anordnungen für sehr hohe Frequenzen, z.B. bei Hochfrequenztransistoren für Frequenzen $f > 100$ MHz, sind keine exakten Spannungs- und Strommessungen an den Toren mehr möglich, da selbst sehr kurze Leitungsstücke dann schon widerstandstransformierend wirken (vgl. 4.4). Bei der Messung der Zweitorparameter ist die Realisierung der Meßbedingungen Leerlauf und Kurzschluß an den entsprechenden Toren im Bereich sehr hoher Frequenzen ebenfalls problematisch. (Vom leerlaufenden Tor wird elektromagnetische Energie abgestrahlt, der Kurzschluß wirkt transformierend). Man schließt deshalb das Zweitor bei sehr hohen Frequenzen mit reellen Betriebswiderständen ab und mißt die übertragenen und reflektierten Wirkleistungen an den Toren z.B. mit Hilfe von Richtkopplern (4.5.3). Man muß dabei die Vorgänge auf den Anschlußleitungen und im Innern des Zweitors unter dem Gesichtspunkt elektromagnetischer Wellen betrachten.
Der Signalgenerator mit dem Innenwiderstand $\underline{Z}_1$ und der Verbraucher mit dem Widerstand $\underline{Z}_2$ sind über verlustarme Leitungen (Koaxial- oder Streifenleitungen) mit den reellen Wellenwiderständen Z_{L1} und Z_{L2} (s. 4.2.1, meist $50\,\Omega$) an das Zweitor angeschlossen (Bild 40). Man führt anstelle von Spannung und Strom "<u>Wellen</u>" (<u>Leistungswellen</u>) ein:

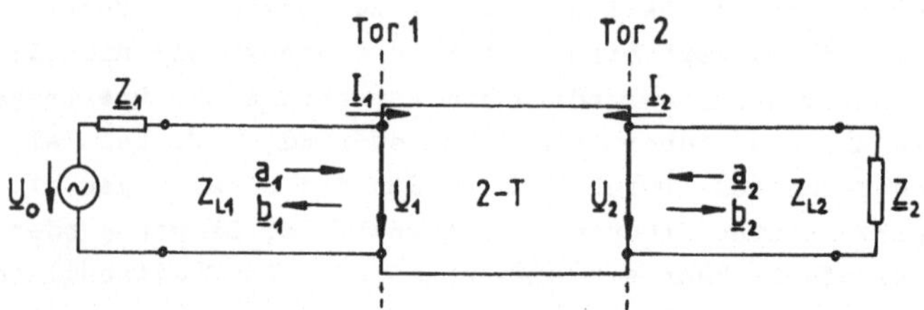

**Bild 40 Zweitor mit normierten Wellen am Eingang
und Ausgang**

$\underline{a}_1$, $\underline{a}_2$ in das Zweitor <u>einfallende Wellen</u> am Tor 1 bzw. 2,
$\underline{b}_1$, $\underline{b}_2$ vom Zweitor <u>reflektierte Wellen</u> am Tor 1 bzw. 2.

Die Wellen werden auf $\sqrt{Z_L}$ normiert, z.B.:

$$\underline{a}_1 = \underline{U}_{h1}/\sqrt{Z_{L1}} = \underline{I}_{h1}\sqrt{Z_{L1}}$$
$$\underline{b}_1 = \underline{U}_{r1}/\sqrt{Z_{L1}} = -\underline{I}_{r1}\sqrt{Z_{L1}} \tag{82}$$

$\underline{U}_{h1}$, $\underline{I}_{h1}$ sind Spannung und Strom der einfallenden Welle am
Tor 1, und $\underline{U}_{r1}$, $-\underline{I}_{r1}$ sind Spannung und Strom der reflektierten Welle am Tor 1. Die normierten Wellen $\underline{a}_i$ und $\underline{b}_i$ (i = 1,2)
haben die Dimension $\sqrt{\text{Leistung}}$. Die Definition normierter
Wellen ist vorteilhaft, weil die normierte Spannungswelle
und die normierte Stromwelle einander gleich sind und man
daher jeweils mit nur <u>einer</u> normierten Welle rechnen kann.
Nach der Leitungstheorie (Gln.(219)) gilt

$$\underline{U}_{h1} = \tfrac{1}{2}(\underline{U}_1 + Z_{L1}\underline{I}_1)$$
$$\underline{U}_{r1} = \tfrac{1}{2}(\underline{U}_1 - Z_{L1}\underline{I}_1) \tag{83}$$

Aus (82) wird wegen (83)

$$\underline{a}_1 = \tfrac{1}{2}(\underline{U}_1/\sqrt{Z_{L1}} + \sqrt{Z_{L1}}\underline{I}_1)$$
$$\underline{b}_1 = \tfrac{1}{2}(\underline{U}_1/\sqrt{Z_{L1}} - \sqrt{Z_{L1}}\underline{I}_1) \tag{84}$$

Am Tor 2 gilt analog

$$a_2 = \frac{1}{2}(\underline{U}_2/\sqrt{Z_{L2}} + \sqrt{Z_{L2}}\,\underline{I}_2)$$
$$b_2 = \frac{1}{2}(\underline{U}_2/\sqrt{Z_{L2}} - \sqrt{Z_{L2}}\,\underline{I}_2) \tag{85}$$

Sowohl die am Tor 1 reflektierte Welle $\underline{b}_1$ als auch die am Tor 2 reflektierte Welle $\underline{b}_2$ hängt von den in das Zweitor einfallenden Wellen $\underline{a}_1$ und $\underline{a}_2$ ab. Die Wellen sind bei einem linearen Zweitor durch lineare Beziehungen miteinander verknüpft. Wir erhalten daher die <u>Streugleichungen</u>

$$\left|\quad\begin{aligned}\underline{b}_1 &= \underline{S}_{11}\underline{a}_1 + \underline{S}_{12}\underline{a}_2 \\ \underline{b}_2 &= \underline{S}_{21}\underline{a}_1 + \underline{S}_{22}\underline{a}_2\end{aligned}\right. \tag{86}$$

Die Parameter $\underline{S}_{ik}$ werden als die <u>Streu- (S-)Parameter</u> des Zweitors bezeichnet. Führen wir die <u>Streumatrix</u>

$$(\underline{S}) = \begin{pmatrix} \underline{S}_{11} & \underline{S}_{12} \\ \underline{S}_{21} & \underline{S}_{22} \end{pmatrix}$$

und die Vektoren $\begin{pmatrix}\underline{a}_1 \\ \underline{a}_2\end{pmatrix}$ und $\begin{pmatrix}\underline{b}_1 \\ \underline{b}_2\end{pmatrix}$ ein, so ergeben sich die Streugleichungen in der Matrizenform

$$\begin{pmatrix}\underline{b}_1 \\ \underline{b}_2\end{pmatrix} = (\underline{S}) \begin{pmatrix}\underline{a}_1 \\ \underline{a}_2\end{pmatrix} \tag{87}$$

2.7.2 Bedeutung der Streuparameter

Die Streuparameter eines Zweitors werden bei <u>wellenwiderstandsangepaßten (reflexionsfreien) Abschlüssen</u> $\underline{Z}_1 = Z_{L1}$, $\underline{Z}_2 = Z_{L2}$ des Zweitors ermittelt bzw. gemessen. Die physikalische Bedeutung der Streuparameter ergibt sich dann aus den Streugleichungen (86) und geht aus der Tafel 5 hervor. Wir betrachten die beiden Parameter $\underline{S}_{11}$ und $\underline{S}_{21}$. Aus (88) folgt wegen (84) für $\underline{a}_2 = 0$, d.h. bei wellenwiderstandsangepaßtem Abschluß ($\underline{Z}_2 = Z_{L2}$)

__Tafel 5__ Bedeutung der Streuparameter

$$\underline{S}_{11} = \left.\frac{\underline{b}_1}{\underline{a}_1}\right|_{\underline{a}_2=0} \qquad \text{Eingangsreflexionsfaktor}$$

$$\underline{S}_{12} = \left.\frac{\underline{b}_1}{\underline{a}_2}\right|_{\underline{a}_1=0} \qquad \text{Betriebsübertragungsfaktor rückwärts}$$

$$\underline{S}_{21} = \left.\frac{\underline{b}_2}{\underline{a}_1}\right|_{\underline{a}_2=0} \qquad \text{Betriebsübertragungsfaktor vorwärts}$$

$$\underline{S}_{22} = \left.\frac{\underline{b}_2}{\underline{a}_2}\right|_{\underline{a}_1=0} \qquad \text{Ausgangsreflexionsfaktor}$$

(88)

$$\underline{S}_{11} = \frac{\underline{U}_1/\sqrt{Z_{L1}} - \sqrt{Z_{L1}}\underline{I}_1}{\underline{U}_1/\sqrt{Z_{L1}} + \sqrt{Z_{L1}}\underline{I}_1} = \frac{\underline{U}_1/\underline{I}_1 - Z_{L1}}{\underline{U}_1/\underline{I}_1 + Z_{L1}} = \frac{\underline{Z}_{e1} - Z_{L1}}{\underline{Z}_{e1} + Z_{L1}} \qquad (89)$$

Sehen wir den linken Leitungsabschnitt Bild 40 als unendlich kurz an, so gilt $\underline{U}_0 = \underline{U}_1 + Z_{L1}\underline{I}_1$, also wegen (83) $\underline{U}_{h1} = \underline{U}_0/2$. In das Zweitor läuft dann wegen (82) die "Urwelle"

$$\underline{a}_1 = \underline{U}_0/2\sqrt{Z_{L1}} \qquad (90)$$

Für $\underline{a}_2 = 0$ folgt aus (85) $\underline{b}_2 = \underline{U}_2/\sqrt{Z_{L2}}$, also wegen (88) und (90)

$$\underline{S}_{21} = \frac{\underline{U}_2/\sqrt{Z_{L2}}}{\underline{U}_0/2\sqrt{Z_{L1}}} = \frac{\underline{U}_2}{\underline{U}_0/2}\sqrt{\frac{Z_{L1}}{Z_{L2}}} = \underline{H}_B \qquad (91)$$

d.i. der Betriebsübertragungsfaktor vorwärts für $\underline{Z}_1 = Z_{L1}$, $\underline{Z}_2 = Z_{L2}$ (Gl. (70)). Die beiden Parameter $\underline{S}_{12}$ und $\underline{S}_{22}$ werden bei Rückwärtsspeisung des Zweitors gemessen.
Für ein übertragungssymmetrisches Zweitor gilt

$$\underline{S}_{12} = \underline{S}_{21} \qquad (92)$$

Die S-Parameter können aus den anderen Zweitorparametern nur durch komplizierte Umrechnungen ermittelt werden (s. z.B. [7]).

<u>Übungsaufgaben zu Abschn. 2</u> (Lösungen im Anhang):

<u>Beispiel 6</u>: Gegeben sind die folgen-
den Zweitorschaltungen:
a) Die Kettenschaltung zweier Gyrato-
   ren mit den Gyrationswiderständen
   R_{g1} und R_{g2},
b) die Gyrator-C-Schaltung Bild 41.
Man ermittle jeweils die <u>äquivalente</u>
Zweitor-Ersatzschaltung.

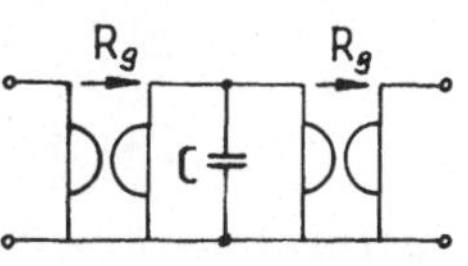

Bild 41   Gyrator-C-
Schaltung

<u>Beispiel 7</u>: Das Reaktanz-
zweitor Bild 42 mit C = 2 nF,
L = 50 µH wird bei der Frequenz f = 1 MHz zwischen den
beiden Abschlußwiderständen
R = 600 Ω betrieben. Man berechne
a) die A-Matrix,
b) den Betriebsübertragungsfaktor,

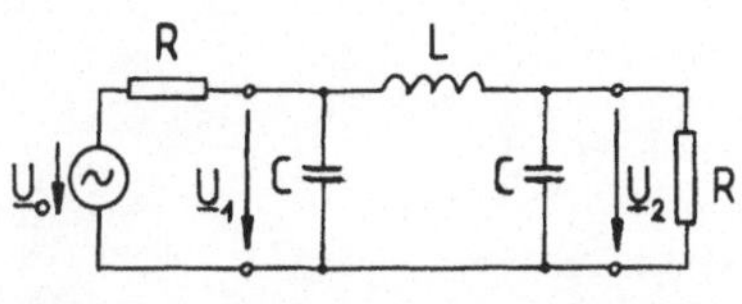

Bild 42   Reaktanzzweitor
zwischen reellen
Abschlußwiderständen

c) das komplexe Betriebsdämpfungsmaß, die Betriebsdämpfung
   und die Betriebsphase
des Zweitors.

<u>Beispiel 8</u>: Ein HF-Transi-
stor ist bei der Messung der
S-Parameter an zwei Leitungen mit der Länge l = 1,5 cm,
dem Wellenwiderstand Z_L und
der Permittivitätszahl
ε_r = 2,4 (Polystyrol) gemäß Bild 43 angeschlossen.
(Die Klemmenpaare 3,3' und
4,4' sind mit dem Wellenwi-

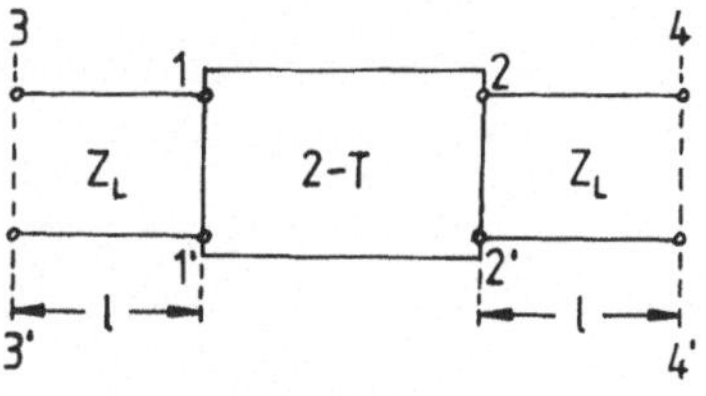

Bild 43   Zweitor mit verschiedenen Bezugsebenen

derstand $Z_L = \underline{Z}_1 = \underline{Z}_2$ abgeschlossen). In den Bezugsebenen
3-3' und 4-4' werden bei der Frequenz f = 1,2 GHz die

folgenden S-Parameter gemessen:

$$\underline{S}'_{11} = 0,35\ e^{-j177^{\circ}},\quad \underline{S}'_{12} = 0,1\ e^{j28^{\circ}}$$

$$\underline{S}'_{21} = 2,8\ e^{j16^{\circ}}\quad,\quad \underline{S}'_{22} = 0,46\ e^{-j22^{\circ}}$$

Man berechne die S-Parameter des HF-Transistors in den Tor-
ebenen 1-1' und 2-2'.

3. Übertragungsfunktion. Filtersynthese

3.1 Übertragungsfunktion und Pol-Nullstellen-Darstellung

3.1.1 Übertragungsfaktor und Übertragungsfunktion

Als Übertragungsfaktor $\underline{H}$ eines Systems wird das Verhältnis
einer beliebigen Wirkung (Empfangsgröße) zur entsprechenden
Ursache (Sendegröße) bezeichnet:

$$\text{Übertragungsfaktor } \underline{H} = \frac{\text{Wirkung}}{\text{Ursache}}$$

Der Übertragungsfaktor $\underline{H}$ eines Zweitors ist das Verhältnis
Ausgangsgröße/Eingangsgröße und kann z.B. der Spannungs-,
Strom- oder Betriebsübertragungsfaktor sein (vgl. 2.6). $\underline{H}$
ist gewöhnlich frequenzabhängig, da auch die Zweitorparameter von der Frequenz abhängen. Ist die Erregungsfunktion
(Eingangsfunktion) $f_1(t)$ sinusförmig (mit der Kreisfrequenz
ω), so ist bei einem linearen Zweitor auch die Antwortfunk-
tion (Ausgangsfunktion) $f_2(t)$ sinusförmig. Das Verhältnis

$$\underline{H}(j\omega) = \underline{F}_2(j\omega)/\underline{F}_1(j\omega) \tag{93}$$

mit den komplexen Effektivwerten (bzw. Amplituden) $\underline{F}_1(j\omega)$
und $\underline{F}_2(j\omega)$ von $f_1(t)$ und $f_2(t)$ wird als der Übertragungsfaktor (komplexer Frequenzgang) des linearen Zweitors bezeich-
net. Der Übertragungsfaktor $\underline{H}(j\omega)$ kann mit Hilfe der komplexen Rechnung (symbolische Methode) direkt dem gegebenen
Zweitor entnommen werden. Er beschreibt dann das Übertragungsverhalten des Zweitors gegenüber sinusförmigen Erre-
gungsgrößen. Voraussetzung für die unmittelbare Anwendbar-
keit der komplexen Rechnung ist allerdings, daß im Ein-
schaltzeitpunkt $t = 0$ der sinusförmigen Erregung $f_1(t)$ alle
Energiespeicher (L,C) des Zweitors entladen sind.
Das Frequenzverhalten eines Zweitors kann vorteilhaft beschrieben werden, wenn man von der Kreisfrequenz ω zur komplexen Frequenz s übergeht:

$$j\omega \longrightarrow s = \sigma + j\omega \tag{94}$$

mit der reellen Zahl σ (vgl. 1.1.1). Verallgemeinern wir die Beziehung (93) durch den Übergang (94), so geht der Übertragungsfaktor $\underline{H}(j\omega)$ in die _Übertragungsfunktion (Systemfunktion)_ $\underline{H}(s)$ über:

$$j\omega \longrightarrow s: \quad \underline{H}(j\omega) \longrightarrow \underline{H}(s) = \underline{F}_2(s)/\underline{F}_1(s) \tag{95}$$

Die Funktion $\underline{H}(s)$ besitzt keine unmittelbare physikalische Bedeutung mehr, sondern sie dient nur als Rechenhilfe.

3.1.2 Darstellung der Übertragungsfunktion durch Pole und Nullstellen. PN-Plan

Es gilt der allgemeine Satz:

Die Übertragungsfunktion $\underline{H}(s)$ eines linearen Zweitors aus n unabhängigen (nicht gekoppelten) Energiespeichern kann als gebrochen rationale Funktion von s, d.h. als Quotient zweier Polynome in s mit konstanten, reellen Koeffizienten a_μ, b_ν dargestellt werden:

$$\underline{H}(s) = \frac{a_m s^m + a_{m-1} s^{m-1} + \dots + a_1 s + a_0}{b_n s^n + b_{n-1} s^{n-1} + \dots + b_1 s + b_0} \tag{96}$$

(Summenform) oder bei Zerlegung der Polynome in Linearfaktoren

$$\underline{H}(s) = K \frac{(s - s_{o1})(s - s_{o2}) \dots (s - s_{om})}{(s - s_{x1})(s - s_{x2}) \dots (s - s_{xn})} \tag{97}$$

(Produktform) mit der Konstante $K = a_m/b_n$. Die $s_{o\mu}$ ($\mu = 1,2,\dots,m$) in (97) sind die Nullstellen des Zählerpolynoms und damit auch die Nullstellen der Übertragungsfunktion $\underline{H}(s)$. Die $s_{x\nu}$ ($\nu = 1,2,\dots,n$) sind die Nullstellen des Nennerpolynoms und damit die Pole von $\underline{H}(s)$. Die Übertragungsfunktion $\underline{H}(s)$ Gl. (96) nähert sich bei hohen Frequenzen dem Wert Ks^{m-n}. $\underline{H}(s)$ wächst daher für $m > n$ unbegrenzt an. Da dies aber bei einem passiven bzw. stabilen Zweitor aus Energiegründen nicht möglich ist, gilt für die Grade m und n von Zähler- und Nennerpolynom der Übertragungsfunktion $\underline{H}(s)$ eines stabilen Zweitors: $\underline{m \leq n}$. Da die Koeffizienten a_μ, b_ν in

(96) reell sind, sind die Nullstellen $s_{o\mu}$ und die Pole $s_{x\nu}$ von $\underline{H}(s)$ entweder auch reell, oder sie treten in konjugiert komplexen Paaren, also spiegelbildlich zur reellen Achse auf.

Für die Übertragungsfunktion $\underline{H}(s)$ gilt

$$\underline{H}(s) = \underline{H}(\sigma + j\omega) = U(\sigma,\omega) + jV(\sigma,\omega)$$
$$\underline{H}(s^*) = \underline{H}(\sigma - j\omega) = U(\sigma,\omega) - jV(\sigma,\omega)$$

mit dem Realteil U und dem Imaginärteil V. Folglich ist

$$\underline{H}(s^*) = \underline{H}^*(s) \qquad (98)$$

Der Realteil einer Übertragungsfunktion ist also eine gerade Funktion, der Imaginärteil eine ungerade Funktion von ω. Die Übertragungsfunktion $\underline{H}(s)$ ist gemäß Gl. (97) bis auf einen konstanten Faktor K durch ihre Pole und Nullstellen in der komplexen s-Ebene eindeutig bestimmt. Die Pole und Nullstellen einer Funktion werden auch als ihre <u>Eigenwerte</u> bezeichnet. Die grafische Darstellung der Pole und Nullstellen einer Übertragungsfunktion in der s-Ebene wird als der <u>Pol-Nullstellen-Plan</u>, kurz <u>PN-Plan</u>, der Übertragungsfunktion bezeichnet (z.B. PN-Plan Bild 44, × Pol, ∘ Nullstelle).

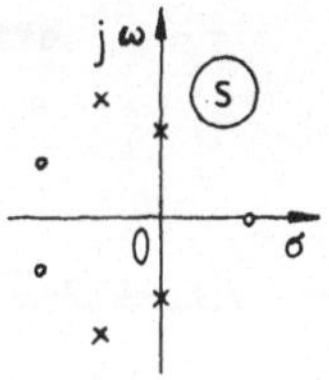

Bild 44 Pol-Null-stellen-Plan, ×Pol, ∘ Nullstelle

Bei stationären (sinusförmigen) Schwingungen im Zweitor ist $s = j\omega$, und die Übertragungsfunktion $\underline{H}(s)$ geht wieder in den Übertragungsfaktor $\underline{H}(j\omega)$ über. Wir können dann schreiben

$$\underline{H}(j\omega) = H(\omega)e^{j\varphi(\omega)} = e^{-a(\omega)}e^{j\varphi(\omega)} = e^{v(\omega)}e^{j\varphi(\omega)} \qquad (99)$$

In (99) bedeuten $a(\omega)$ die <u>Dämpfung</u>, $v(\omega) = -a(\omega)$ die "<u>Verstärkung</u>" (auch im Falle $v < 0$) und $\varphi(\omega)$ die <u>Phase</u>. Für $s = j\omega$ folgt aus (98)

$$\underline{H}(-j\omega) = \underline{H}^*(j\omega) \qquad (100)$$

Die Übertragungsfunktion $\underline{H}(s)$ kann auch eine <u>Zweipolfunktion</u>

$\underline{Z}(s)$ gemäß 1.1.3 sein.

Die Betrachtung des PN-Plans der Übertragungsfunktion $\underline{H}(s)$ eines Netzwerkes ermöglicht eine rasche und anschauliche Abschätzung der Frequenzabhängigkeit von Betrag und Phase des Übertragungsfaktors $\underline{H}(j\omega)$ des Netzwerkes.

Beispiel 9: Gegeben ist die Betriebsschaltung eines Reaktanzzweitors Bild 45. Die angegebenen Zahlenwerte sind **normierte** Werte der Netzwerkelemente (vgl. Beispiel 11). Der Betriebsübertragungsfaktor ist

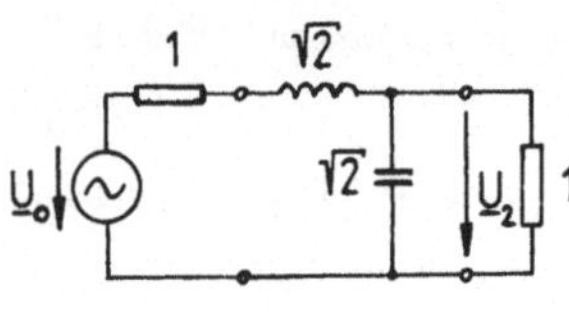

Bild 45 Betriebsschaltung eines Reaktanzzweitors

$$\underline{H}_B(j\omega) = \frac{2\underline{U}_2}{\underline{U}_0}$$

$$= \frac{2\,\dfrac{1}{j\omega\sqrt{2} + 1}}{1 + j\omega\sqrt{2} + \dfrac{1}{j\omega\sqrt{2} + 1}}$$

$$= \frac{1}{(j\omega)^2 + \sqrt{2}\,j\omega + 1}$$

Die **Betriebsübertragungsfunktion** ist dann $(j\omega \longrightarrow s)$

$$\underline{H}_B(s) = \frac{1}{s^2 + \sqrt{2}s + 1} = \frac{1}{(s - s_{x1})(s - s_{x2})}$$

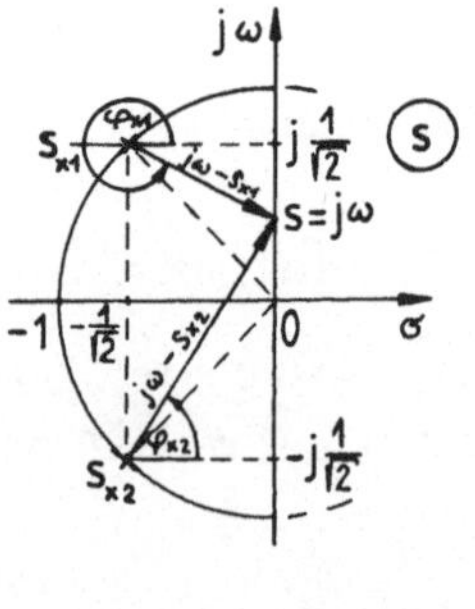

Die Pole folgen aus

$$s_x^2 + \sqrt{2}s_x + 1 = 0$$

also

$$s_{x1,2} = -\frac{1}{\sqrt{2}} \pm j\,\frac{1}{\sqrt{2}}$$

Die beiden Pole s_{x1} und s_{x2} sind konjugiert komplex und liegen auf dem Einheitskreis in der linken s-Halbebene (Bild 46).

Bei sinusförmiger Erregung $s = j\omega$ ergibt sich der Betriebsübertra-

Bild 46 PN-Plan von $\underline{H}_B(s)$

gungsfaktor

$$\underline{H}_B(j\omega) = \frac{1}{(j\omega - s_{x1})(j\omega - s_{x2})}$$

$$= \frac{1}{A_{x1}e^{j\varphi_{x1}}A_{x2}e^{j\varphi_{x2}}} = \frac{1}{A_{x1}A_{x2}}\, e^{-j(\varphi_{x1}+\varphi_{x2})}$$

Wächst die Frequenz der sinusförmigen Erregung von $\omega = 0$ bis $\omega = \infty$, so wandert im PN-Plan der Punkt $s = j\omega$ auf der positiven $j\omega$-Achse von $s = 0$ bis $s = \infty$. Die Zeiger $j\omega - s_{x1}$ und $j\omega - s_{x2}$ verändern dabei ihre Längen $A_{x\nu} = |j\omega - s_{x\nu}|$ und ihre (im mathematisch positiven Drehsinn gezählten) Winkel $\varphi_{x\nu}$ mit der positiv reellen Achse (Bild 46). Auf diese Weise ergeben sich aus dem PN-Plan die <u>Betragscharakteristik</u> $H_B(\omega)$ und die <u>Phasencharakteristik</u> $\varphi(\omega)$ (Bild 47).

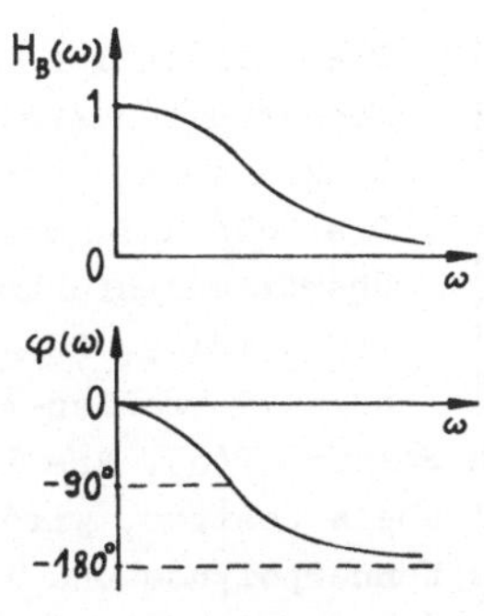

Bild 47   Betrags- und Phasencharakteristik

3.1.3 Eigenschaften der Zweitorübertragungsfunktionen

Für Zweitorübertragungsfunktionen gelten die folgenden grundlegenden Sätze:

1. Die Pole $s_{x\nu}$ der Übertragungsfunktion $\underline{H}(s)$ eines stabilen Zweitors liegen in der linken s-Halbebene oder im Grenzfall auf der $j\omega$-Achse. (Es gilt $\sigma_{x\nu} \leqq 0$).

Würden die Pole $s_{x\nu}$ der Übertragungsfunktion eines passiven bzw. stabilen Zweitors in der rechten s-Halbebene ($\sigma_{x\nu} > 0$) liegen, so würden im Zweitor vorhandene kleinste Spannungen bzw. Ströme (Rauschen) entsprechend dem Faktor $e^{\sigma_{x\nu}t}$ mit der Zeit t unbegrenzt anwachsen. Pole $s_{x\nu}$ mit $\sigma_{x\nu} > 0$ können daher nur bei einem <u>instabilen aktiven</u> Zweitor auftreten. Es kommt in einem solchen Zweitor zur Selbsterregung von Schwingungen. Die angefachten Schwingungen werden jedoch im

technischen aktiven Zweitor z.B. durch vorhandene Nichtline-
aritäten begrenzt, so daß die Schwingungen dann sinusförmig
werden und damit die Pole zur $j\omega$ -Achse wandern ($\sigma_{x\nu}$ = 0).
Konjugiert komplexe Pole von $\underline{H}(s)$ in der linken s-Halbebene
können nur mit RLC-Zweitoren realisiert werden. Die konjugiert komplexen Pole von LC-Zweitoren liegen dagegen auf der
$j\omega$ -Achse.

2. Die Nullstellen $s_{o\mu}$ der Übertragungsfunktion $\underline{H}(s)$ eines stabilen Zweitors liegen im allgemeinen in der
   linken s-Halbebene oder auf der $j\omega$ -Achse.

3. Die Pole und im allgemeinen auch die Nullstellen der
   Übertragungsfunktion $\underline{H}(s)$ eines stabilen RC-Zweitors
   (RC-Glieder, RC-gekoppelte Verstärker) liegen auf der
   negativ reellen Achse der s-Ebene.

Ein Polynom $\underline{P}(s)$, das keine Nullstellen in der rechten s-
Halbebene besitzt, wird als ein Hurwitz-Polynom bezeichnet.
Das Nennerpolynom und im allgemeinen auch das Zählerpolynom
der Übertragungsfunktion $\underline{H}(s)$ eines stabilen Zweitors sind
also Hurwitz-Polynome. Es gibt jedoch eine spezielle Gruppe
von passiven Zweitoren, deren Übertragungsfunktionen Nullstellen in der rechten s-Halbebene besitzen: Allpässe (LC-
und RC-Allpaß). Ein Allpaß bewirkt nur eine Phasendrehung,
jedoch keine Dämpfung des übertragenen Signals, d.h. für
ihn gilt $a(\omega)$ = 0, $H(\omega)$ = 1. Ein Zweitor mit Polen und Nullstellen der Übertragungsfunktion $\underline{H}(s)$ nur in der linken
s-Halbebene wird als ein Zweitor minimaler Phase bezeichnet.
Alle stabilen Zweitore, die nicht Allpässe sind, stellen
also Zweitore minimaler Phase dar. Die maximale Phasendif-
ferenz, welche die Übertragungsfunktion eines Zweitors minimaler Phase bei zwei verschiedenen Frequenzen besitzen kann,
ist stets kleiner als bei einem allpaßhaltigen Zweitor.

3.2 Frequenzgänge und Bode-Diagramme

3.2.1 Frequenzgänge von Übertragungsgrößen

Wir können für den Übertragungsfaktor eines Zweitors schreiben

$$\underline{H}(j\omega) = K \frac{(j\omega - s_{o1})(j\omega - s_{o2})\cdots}{(j\omega - s_{x1})(j\omega - s_{x2})\cdots}$$

$$= K \frac{A_{o1}A_{o2}\cdots}{A_{x1}A_{x2}\cdots} \, e^{j(\varphi_{o1}+\varphi_{o2}+\cdots-\varphi_{x1}-\varphi_{x2}-\cdots)} \tag{101}$$

In (101) sind K eine Konstante, die $A_{o\mu}$ die Nullstellenabstände zu $j\omega$, die $A_{x\nu}$ die Polabstände zu $j\omega$ und die $\varphi_{o\mu}$, $\varphi_{x\nu}$ die entsprechenden zugehörigen Winkel mit der positiv reellen Achse (vgl. Beispiel 9).

Aus (101) folgen die Betragscharakteristik

$$H(\omega) = |\underline{H}(j\omega)| = K \frac{|j\omega - s_{o1}||j\omega - s_{o2}|\cdots}{|j\omega - s_{x1}||j\omega - s_{x2}|\cdots} = K \frac{A_{o1}A_{o2}\cdots}{A_{x1}A_{x2}\cdots} \tag{102}$$

die Verstärkungscharakteristik

$$\begin{aligned}
v(\omega)/dB = 20 \lg H(\omega) &= 20 \lg K + \\
&+ 20 \lg|j\omega - s_{o1}| + 20 \lg|j\omega - s_{o2}| + \cdots \\
&- 20 \lg|j\omega - s_{x1}| - 20 \lg|j\omega - s_{x2}| - \cdots
\end{aligned} \tag{103}$$

(bzw. die Dämpfungscharakteristik $a(\omega) = -v(\omega)$),

die Phasencharakteristik

$$\begin{aligned}
\varphi(\omega) = \arg \underline{H}(j\omega) &= \varphi_{o1}(\omega)+\varphi_{o2}(\omega)+\cdots-\varphi_{x1}(\omega)-\varphi_{x2}(\omega)-\cdots \\
&= \arctan \frac{\omega - \omega_{o1}}{|\sigma_{o1}|} + \arctan \frac{\omega - \omega_{o2}}{|\sigma_{o2}|} + \cdots \\
&\quad - \arctan \frac{\omega - \omega_{x1}}{|\sigma_{x1}|} - \arctan \frac{\omega - \omega_{x2}}{|\sigma_{x2}|} - \cdots
\end{aligned} \tag{104}$$

und die Gruppenlaufzeitcharakteristik

$$t_g(\omega) = - \frac{d\varphi(\omega)}{d\omega} =$$

$$= \frac{|\sigma_{x1}|}{\sigma_{x1}^2 + (\omega - \omega_{x1})^2} + \frac{|\sigma_{x2}|}{\sigma_{x2}^2 + (\omega - \omega_{x2})^2} + \ldots$$

$$- \frac{|\sigma_{o1}|}{\sigma_{o1}^2 + (\omega - \omega_{o1})^2} - \frac{|\sigma_{o2}|}{\sigma_{o2}^2 + (\omega - \omega_{o2})^2} - \ldots \qquad (105)$$

Besitzt der Übertragungsfaktor z.B. eine Nullstelle $\underline{H}$ = 0 (Dämpfungspol a = ∞) auf der imaginären Achse bei $s_{o\mu}$ = $j\omega_{o\mu}$ (vgl. 3.6.2), so springt seine Phase an dieser Stelle um -180° (Bild 48). Da der Tangens mit 180° periodisch ist, haben Übertragungsfunktionsnullstellen auf der $j\omega$ -Achse keinen Einfluß auf die Phasencharakteristik $\varphi(\omega)$. An der Übertragungsfunktionsnullstelle $\sigma_{o\mu}$ = 0, $\omega = \omega_{o\mu}$ tritt weiterhin wegen (105) ein <u>Gruppenlaufzeitstoß</u> t_g = $-\infty$ auf. Man kann deshalb die Beiträge von Übertragungsfunktionsnullstellen zur Phase <u>und</u> Gruppenlaufzeit fortlassen.

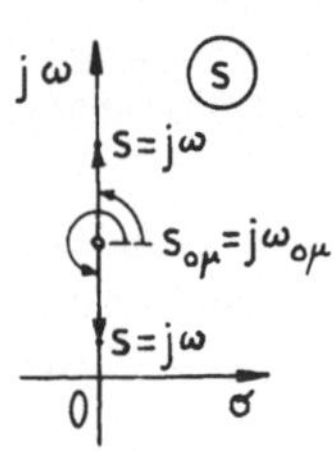

Bild 48 Übertragungs-
funktions-
nullstelle
auf der $j\omega$-Achse

3.2.2 Bode-Diagramme

Die logarithmischen Frequenzgangdarstellungen
  Verstärkung v(ω)/dB = 20 lg H(ω), aufgetragen über lg ω
  bzw. lg(ω/ω_E),
  Phase $\varphi(\omega)$, aufgetragen über lg ω bzw. lg(ω/ω_E)
mit einer Bezugskreisfrequenz (Eckkreisfrequenz) ω_E werden
nach ihrem Begründer als die <u>Bode-Diagramme</u> bezeichnet.
Wir gehen bei der Darstellung der Bode-Diagramme vom PN-Plan
der Übertragungsfunktion des Zweitors aus und approximieren
die Verstärkungs- (Amplituden-) und Phasencharakteristiken
durch die Konstruktion von Asymptoten (Grenzgeraden) und
Eckfrequenzen, deren Verläufe und Lagen sich aus dem PN-Plan
ergeben. Die grafische Darstellung der wirklichen Frequenz-
gänge wird hierdurch beträchtlich erleichtert.

Beispiel 10: Gegeben ist der RC-Tiefpaß Bild 49. Der Übertragungsfaktor ist

$$\underline{H}(j\omega) = \frac{\underline{U}_2(j\omega)}{\underline{U}_1(j\omega)}$$

$$= \frac{1/j\omega C}{R + 1/j\omega C} = \frac{1}{j\omega T + 1}$$

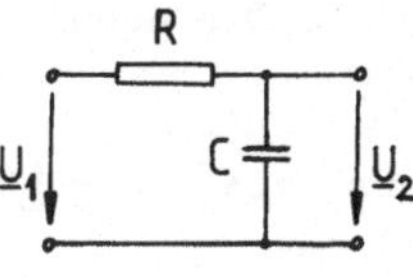

Bild 49   RC-Tiefpaß

mit der Zeitkonstante T = RC. Für die Übertragungsfunktion folgt ($j\omega \longrightarrow s$)

$$\underline{H}(s) = \frac{\underline{U}_2(s)}{\underline{U}_1(s)} = \frac{1}{sT + 1}$$

Ein Pol ergibt sich aus $s_x T + 1 = 0$, d.h. er liegt bei $s_x = -1/T$ (Bild 50). Wir betrachten den Beitrag des reellen Pols s_x zur Verstärkung $v(\omega)$:

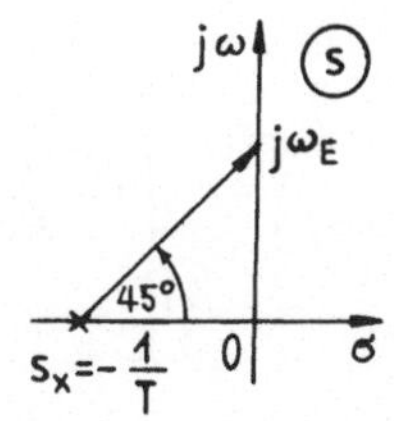

Bild 50   PN-Plan
von $\underline{H}(s)$

$$v_x(\omega)/dB = 20 \lg H(\omega)$$

$$= 20 \lg \frac{1}{|j\omega T + 1|} = -20 \lg \sqrt{(\omega T)^2 + 1}$$

Für $\omega T \ll 1$ bzw. $\omega \ll 1/T$ folgt: $v_x(\omega) \longrightarrow -20 \lg 1 = 0$. Der Verstärkungsverlauf $v_x(\omega)$ kann also für Kreisfrequenzen $\omega < 1/T$ durch eine Asymptote mit dem Wert 0 dB angenähert werden.

Für $\omega T \gg 1$ bzw. $\omega \gg 1/T$ folgt: $v_x(\omega) \longrightarrow -20 \lg(\omega T)$. Wegen

$$20 \lg(10\omega T) - 20 \lg(\omega T) = 20 \lg 10 = 20 \text{ dB}$$

ergibt sich: Der Verstärkungsverlauf $v_x(\omega)$ kann für Kreisfrequenzen $\omega > 1/T$ durch eine Asymptote mit dem Abfall -20 dB/Dekade approximiert werden (Dekade = Frequenzverzehnfachung).

Für die Abweichung der wirklichen Verstärkungskurve vom angenäherten Verlauf folgt am Schnittpunkt $\omega_E = |s_x| = |\sigma_x| = 1/T$ (0 dB) der beiden Asymptoten

$$v_x(\omega_E) = -20 \lg \sqrt{(\omega_E T)^2 + 1} = -10 \lg 2 \approx -3 \text{ dB}$$

d.h. die (maximale) Abweichung beträgt am Schnittpunkt ca.

3 dB. Die Schnittpunktkreisfrequenz

$$\omega_E = 1/T = 1/RC$$

wird als die __Eckkreisfrequenz__ bezeichnet.

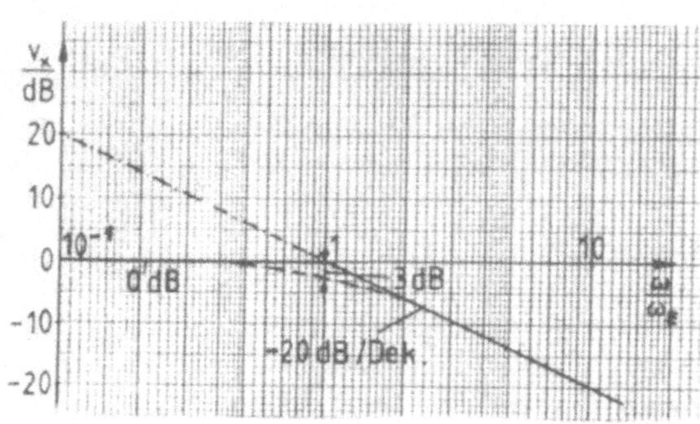

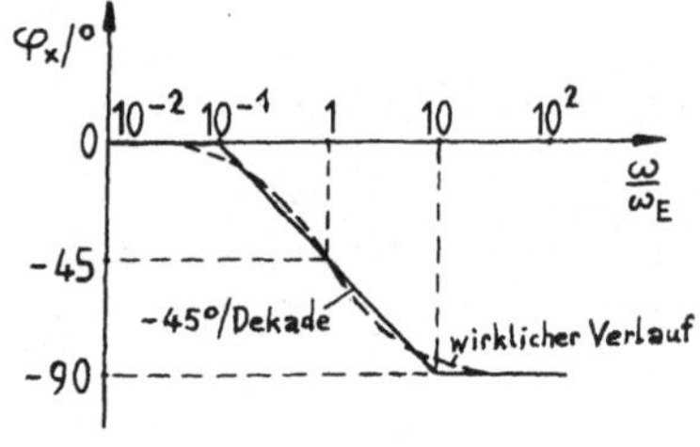

Bild 51 Bode-Diagramme der Verstärkung und Phase des RC-Tiefpasses

Das Bode-Diagramm der Verstärkung $v_x(\omega)$ ist in Bild 51 oben (der wirkliche Verlauf bei $\omega = \omega_E$ strichliert) dargestellt. Für die Phase gilt wegen (104)

$$\varphi_x(\omega) = -\text{arc tan}\,\frac{\omega}{|\sigma_x|} = -\text{arc tan}\,\frac{\omega}{\omega_E}$$

Es ergibt sich die folgende Wertetabelle:

ω	$\ll \omega_E$	$0,1\omega_E$	ω_E	$10\omega_E$	$\gg \omega_E$
$\varphi_x/°$	0	-5,7	-45	-84,3	-90

(Der Winkel $+45°$ für $\omega = \omega_E$ in Bild 50 ist der Winkel des

Nenners des Übertragungsfaktors). Das Bode-Diagramm der Phase $\varphi_X(\omega)$ ist in Bild 51 unten dargestellt. Wir erhalten als Beitrag des reellen Pols s_X zur Phase $\varphi_X(\omega)$ eine Asymptote mit dem Abfall -45°/Dekade (negative Phasendrehung) und dem Mittelpunkt bei ω_E. Die Phasendrehung setzt eine Dekade unterhalb der Eckkreisfrequenz ω_E ein und ist eine Dekade darüber beendet.

Für die Bode-Diagramme gelten weiterhin die folgenden wichtigen Regeln:

1. Beitrag einer reellen Nullstelle s_0 zur Verstärkung $v(\omega)$:

   Für $\omega < \omega_E = |s_0|$: Asymptote mit 0 dB,

   für $\omega > \omega_E = |s_0|$: Asymptote mit der

   Steigung 20 dB/Dekade.

2. Beitrag einer Nullstelle s_0 auf der negativ reellen Achse zur Phase $\varphi(\omega)$: Asymptote mit der Steigung 45°/Dekade (positive Phasendrehung) und dem Mittelpunkt bei ω_E.

3. Beitrag einer Nullstelle s_0' auf der positiv reellen Achse zur Phase $\varphi(\omega)$: Asymptote mit dem Abfall -45°/Dekade und dem Mittelpunkt bei ω_E.

Die Phasendrehung setzt wieder eine Dekade unterhalb ω_E ein und ist eine Dekade darüber beendet.

Die Beiträge konjugiert komplexer Pole und Nullstellen zur Verstärkung und Phase ergeben Asymptoten, deren Abfall bzw. Steigung doppelt so groß ist wie im Falle eines Pols bzw. einer Nullstelle. Man erreicht dann also Flankensteilheiten von ∓ 40 dB/Dekade und $\mp 90^\circ$/Dekade. (Das negative Vorzeichen gilt für ein konjugiert komplexes Polpaar, das positive Vorzeichen für ein konjugiert komplexes Nullstellenpaar, das positive Vorzeichen bei der Phasendrehung allerdings nur für ein "normales", d.h. nicht in der rechten s-Halbebene liegendes Nullstellenpaar).

3.3 Betriebseigenschaften der Filter

3.3.1 Durchlaßbereich und Sperrbereich eines Filters

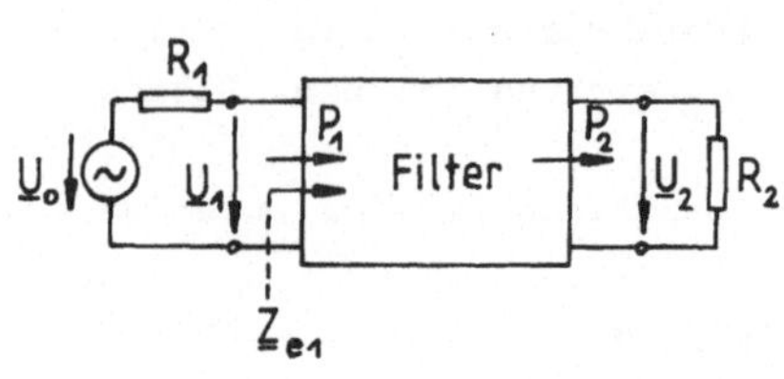

Bild 52   Filter-
          betriebsschaltung

Ein $\underline{\text{Filter}}$ ($\underline{\text{Siebschal-}}$ $\underline{\text{tung}}$) ist ein Netzwerk mit meist selektivem Frequenzverhalten, das gewöhnlich zwischen den reellen Abschlußwiderständen R_1 und R_2 betrieben wird (Bild 52). Würde man komplexe Widerstände als Abschlußwiderstände

verwenden, so würden deren Blindkomponenten zusätzliche Resonanzen und damit unerwünschte Siebeigenschaften hervorrufen. (Die stets vorhandenen kleinen Blindkomponenten der ohmschen Abschlußwiderstände müssen bei hohen Frequenzen kompensiert werden). Wir betrachten im folgenden $\underline{\text{Reaktanz-}}$ $\underline{\text{filter}}$ ($\underline{\text{LC-Filter}}$), das sind Filter, die als Reaktanzzweitore ausgebildet sind. Ein Reaktanzfilter ist aus reinen Blindelementen, d.h. verlustlos angenommenen Spulen und Kondensatoren aufgebaut.

Die Grundaufgabe des Filters Bild 52 besteht darin, den Lastwiderstand R_2 durch Vorschalten von Reaktanzen so in den Eingangswiderstand $\underline{Z}_{e1}$ des Filters zu transformieren, daß $\underline{Z}_{e1}$ in einem bestimmten Frequenzbereich, dem $\underline{\text{Durchlaßbereich}}$ (DB) des Filters, möglichst gut an den Generatorinnenwiderstand R_1 angepaßt ist (d.h. mit ihm möglichst gut übereinstimmt), und bei allen anderen Frequenzen, dem $\underline{\text{Sperrbereich}}$ (SB) des Filters, ein möglichst großer Unterschied zwischen $\underline{Z}_{e1}$ und R_1 besteht. Wird das Filter im DB betrieben, so strömt fast die ganze verfügbare Generatorwirkleistung $P_{max} = U_o^2/4R_1$ vom Generator in das Filter ein. (Nur ein sehr geringer Teil der ankommenden Wirkleistung P_{max} wird dann am Filtereingang reflektiert). Die in das Filter einströmende Wirkleistung P_1 ist in diesem Fall also annähernd gleich

P_{max}, $P_1 \approx P_{max}$. Dies bedeutet: Der Eingangswiderstand des Filters ist im DB annähernd <u>reell</u>, und zwar ist dann $\underline{Z}_{e1} \approx R_1$. Da ein verlustloses Zweitor in seinem Innern keine Wirkleistung verbraucht, ist P_1 gleich der zum Lastwiderstand R_2 übertragenen und dort verbrauchten Wirkleistung P_2, $P_2 = P_1 \approx P_{max}$. (Das Filter wirkt im DB ähnlich einem idealen Übertrager). Im DB findet im wesentlichen nur eine Phasendrehung des übertragenen Signals statt. Wird dagegen das Filter im SB betrieben, so wird die Generatorwirkleistung P_{max} größtenteils schon am Filtereingang in den Generator zurückgespeist bzw. reflektiert. Dies bedeutet: Der Eingangswiderstand des Filters ist im SB annähernd <u>imaginär</u> (oder 0 oder ∞), $\underline{Z}_{e1} \approx jX_{e1}$. Dann gelangt praktisch keine Wirkleistung zum Lastwiderstand R_2, $P_2 \approx 0$. Die Betriebsdämpfung a_B eines Reaktanzfilters stellt daher eine reine <u>Reflexionsdämpfung</u> (<u>Blindleistungsdämpfung</u>) dar.

> Ein reell abgeschlossenes Reaktanzzweitor besitzt einen Durchlaßbereich (DB), wenn sein Eingangswiderstand reell ist, und einen Sperrbereich (SB), wenn sein Eingangswiderstand imaginär ist.

Man definiert den <u>Reflexionsfaktor</u> am Filtereingang

$$\varrho = \frac{\underline{Z}_{e1} - R_1}{\underline{Z}_{e1} + R_1} \tag{106}$$

Für ein <u>ideales</u> Filter folgt aus (106) im DB wegen $\underline{Z}_{e1} = R_1$ der Reflexionsfaktor $\varrho = 0$ und im SB wegen $\underline{Z}_{e1} = jX_{e1}$

$$\varrho = \left| \frac{jX_{e1} - R_1}{jX_{e1} + R_1} \right| = \frac{\sqrt{X_{e1}^2 + R_1^2}}{\sqrt{X_{e1}^2 + R_1^2}} = 1$$

d.h. im SB erfolgt <u>Totalreflexion</u> der Wirkleistung am Filtereingang.

Der Reflexionsfaktor ϱ eines Filters ist mit dem Eingangsreflexionsfaktor $\underline{S}_{11}$ Gl. (88) bzw. (89) eines Zweitors bei wellenwiderstandsangepaßtem Abschluß identisch.

3.3.2 Leistungsbilanz eines Reaktanzfilters

Man stellt sich vor, daß der an ein Filter angeschlossene
Generator zunächst einmal die ganze verfügbare Wirkleistung
P_{max} in den Filtereingang einspeist (dies entspricht einer
angenommenen Anpassung $\underline{Z}_{e1} = R_1$ am Filtereingang), anschliessend jedoch je nach dem Grad der am Filtereingang vorliegen-
den Fehlanpassung $\underline{Z}_{e1} \neq R_1$ ein Teil P_r der Wirkleistung P_{max}
vom Filtereingang in den Generator zurückgespeist bzw. re-
flektiert wird. Für das Quadrat des Eingangsreflexionsfak-
tors gilt wegen (88)

$$\varrho^2 = S_{11}^2 = \left.\frac{b_1^2}{a_1^2}\right|_{\underline{a}_2=0} = \frac{P_r}{P_{max}} \tag{107}$$

In (107) sind $P_{max} = a_1^2$ die verfügbare Generatorwirkleistung
und $P_r = b_1^2$ die am Filtereingang (Eingangstor) reflektierte
Wirkleistung.
Für ein Reaktanzfilter (verlustloses Filter) gilt die Leistungsbilanz

$$P_r + P_2 = P_{max}$$

bzw.

$$P_r/P_{max} + P_2/P_{max} = 1 \tag{108}$$

In (108) ist P_2 die zum Lastwiderstand R_2 übertragene Wirkleistung. Wir können die Leistungsbilanz (108) wegen (107)
und (77) auch schreiben

$$\varrho^2 + H_B^2 = 1 \tag{109}$$

oder, wenn wir die Frequenzabhängigkeit der beiden Beträge
$\varrho = |\underline{\varrho}(j\omega)|$ und $H_B = |\underline{H}_B(j\omega)|$ hervorheben

$$\left| \; |\underline{\varrho}(j\omega)|^2 + |\underline{H}_B(j\omega)|^2 = 1 \right. \tag{109'}$$

Die Beziehung (109) bzw. (109') wird auch als die Feldtkel-
ler-Gleichung bezeichnet.
Die Betriebsdämpfung des Filters folgt aus

$$a_B/dB = -20 \lg H_B = -10 \lg H_B^2$$

oder wegen (109)

$$a_B/dB = -10 \lg(1 - \varrho^2) \tag{110}$$

Für ein ideales Filter folgt aus (110) im DB ($\varrho = 0$) $a_B = 0$ und im SB ($\varrho = 1$) $a_B = \infty$.

Als Echodämpfung des Filters wird definiert

$$a_E/dB = -20 \lg \varrho \tag{111}$$

Für ein ideales Filter folgt aus (111) im DB $a_E = \infty$ und im SB $a_E = 0$.

3.3.3 Verluste in Reaktanzfiltern

Die Reaktanzen eines Filters, vor allem die Induktivitäten, enthalten stets Verlustwiderstände. Zur theoretischen Betriebsdämpfung a_B des Filters addiert sich daher eine frequenzabhängige Verlustdämpfung a_v. Die Verlustdämpfung a_v kann im DB des Filters merklich größer als die dort vorhandene Betriebsdämpfung a_B sein und ist daher im DB meist sehr störend. Für die Verlustdämpfung im DB eines Reaktanzfilters gilt näherungsweise

$$a_v/dB \approx \frac{4{,}343}{Q_o} \omega t_g \tag{112}$$

In (112) sind Q_o die Güte der Bauelemente bzw. bei einem Bandpaß die Güte der Schwingkreise (diese haben gewöhnlich gleiche Güten) und $t_g = db_B/d\omega$ die Gruppenlaufzeit im Filter. Die Verlustdämpfung a_v stellt im Gegensatz zur Betriebsdämpfung a_B eine Wirkleistungsdämpfung dar, die durch Wirkleistungsverbrauch und Wärmeentwicklung gekennzeichnet ist.

3.4 Normierung und Entnormierung eines Tiefpasses

3.4.1 Tiefpaß-Normierung

Für einen Tiefpaß gilt:

$$DB: f = 0 \ldots f_g$$
$$SB: f = f_g \ldots \infty$$

$f_g = \omega_g/2\pi$ ist die Grenzfrequenz (Durchlaßgrenze) des Tiefpasses. Sie wird als seine Bezugsfrequenz $f_B = \omega_B/2\pi$ gewählt.

Zur Erleichterung der numerischen Berechnung von Netzwerkgrößen wird häufig eine Normierung der Netzwerkgrößen vorgenommen. Bei der Frequenznormierung des Tiefpasses wird die normierte Frequenz

$$\left| \Omega = f/f_B = \omega/\omega_B, \quad f_B = f_g \right. \tag{113}$$

eingeführt. Man kann dann also auch schreiben:

$$DB: \Omega = 0 \ldots 1$$
$$SB: \Omega = 1 \ldots \infty$$

Die Frequenznormierung eines Netzwerkes bewirkt eine Dehnung oder Schrumpfung des Frequenzbereiches der Netzwerkübertragungsfunktion.

Häufig wird auch eine Impedanznormierung eines Netzwerkes durchgeführt. Bei der Impedanznormierung wird der "Impedanzpegel" des Netzwerkes dadurch geändert, daß jede einzelne Impedanz des Netzwerkes durch einen konstanten Bezugswiderstand R_B dividiert bzw. jede einzelne Admittanz mit R_B multipliziert wird. Bei der Impedanznormierung eines Netzwerkes wird die Übertragungsfunktion des Netzwerkes nicht verändert.

Wird eine Tiefpaßschaltung zwischen den beiden reellen Abschlußwiderständen R_1 und R_2 betrieben (Bild 52), so ergeben sich bei ihrer Impedanznormierung die folgenden Beziehungen:

$$\left| \begin{aligned} r_1 &= R_1/R_B = 1 \\ a_i &= L_i/L_B \text{ bzw. } a_i = C_i/C_B \quad (i = 1,2,\ldots,n) \\ r_2 &= R_2/R_B = R_2/R_1 \end{aligned} \right. \tag{114}$$

wobei für die <u>Bezugsinduktivität</u> L_B und die <u>Bezugskapazität</u> C_B gilt:

$$\left| L_B = R_B/\omega_B, \quad C_B = 1/\omega_B R_B \right. \tag{115}$$

Man wählt also für alle normierten Tiefpässe als Bezugswiderstand R_B stets den Generatorinnenwiderstand R_1. Die Koeffizienten a_i (i = 1,2,...,n) stellen die normierten Induktivitäten und Kapazitäten des Tiefpasses dar und werden als die <u>Tiefpaßkoeffizienten</u> bezeichnet. Sie sind reine Zahlen. Ihre Werte hängen davon ab, wie ein vorgeschriebener Betriebsdämpfungs-, Phasen- oder Gruppenlaufzeitverlauf innerhalb eines Toleranzschemas approximiert werden soll (s. folgende Abschnitte).

Für die Gruppenlaufzeit im Tiefpaß gilt

$$t_g = \frac{db_B}{d\omega} = \frac{db_B}{d\Omega}\frac{d\Omega}{d\omega} \tag{116}$$

Als <u>normierte Gruppenlaufzeit</u> wird definiert

$$T_g = \frac{db_B}{d\Omega} \tag{117}$$

3.4.2 Tiefpaß-Entnormierung

Die Werte einer bestimmten normierten Tiefpaßschaltung, insbesondere die Tiefpaßkoeffizienten a_i, können mit einem Digitalrechner über ein geignetes Programm berechnet werden. Sie werden auch häufig Tabellenwerken (Filterkatalogen) entnommen, wenn Rechnerprogramme nicht zur Verfügung stehen bzw. nicht eingesetzt werden können (s. 3.6). Man ermittelt anschließend die Werte der Frequenzen und der Schaltelemente der wirklichen Tiefpaßschaltung durch <u>Entnormierung</u>:

$$\left|
\begin{aligned}
&f = \Omega f_B, \quad f_B = f_g \\
&R_1 = r_1 R_B = R_B \\
&L_i = a_i L_B, \quad C_i = a_i C_B \quad (i = 1,2,...,n) \\
&R_2 = r_2 R_B
\end{aligned}
\right. \tag{118}$$

Für die Bezugsgrößen L_B und C_B gelten wieder die Beziehungen (115).

Für die Entnormierung der Gruppenlaufzeit gilt wegen (116) und (117) $t_g = T_g d\Omega/d\omega$, also wegen $\Omega = \omega/\omega_B$, $d\Omega/d\omega = 1/\omega_B$

$$t_g = T_g/\omega_B \tag{119}$$

3.5 Potenztiefpaß (Butterworth-Tiefpaß)

3.5.1 Butterworth-Approximation

In den folgenden Abschnitten wird die <u>Betriebsfiltersynthese</u> (<u>Betriebsparametertheorie der Filter</u>) behandelt, d.i. die Darstellung vorgeschriebener Betriebsgrößencharakteristiken eines Filters durch geeignete Funktionen und die Realisierung dieser Funktionen durch entsprechende Filterschaltungen.

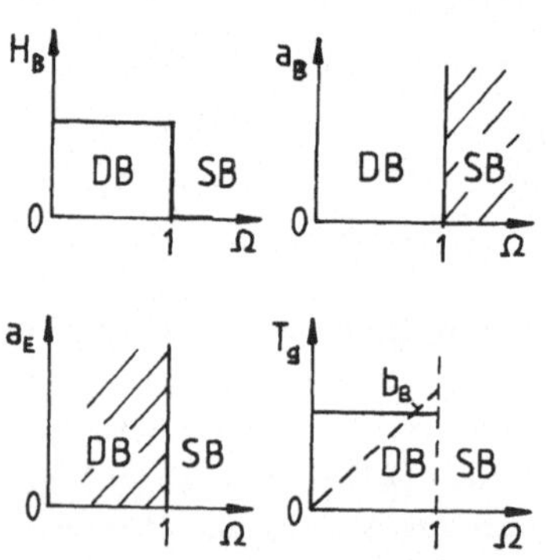

Bild 53   Ideale Frequenzverläufe der Tiefpaß-Betriebsgrößen

Die angestrebten <u>idealen</u> Frequenzverläufe des Betriebsübertragungsfaktorbetrages H_B, der Betriebsdämpfung a_B, der Echodämpfung a_E und der Gruppenlaufzeit T_g (bzw. der Betriebsphase b_B) des normierten Tiefpasses sind in Bild 53 dargestellt. Dabei gilt

$$a_B(\Omega)/dB = -20 \lg H_B(\Omega) \tag{120}$$
$$= -10 \lg |\underline{H}_B(j\Omega)|^2$$

Die idealen Frequenzverläufe der Tiefpaß-Betriebsgrößen können mit einer Schaltung aus endlich vielen Bauelementen nicht realisiert werden. Realisierbar sind daher nur <u>Approximationen</u> der idealen Frequenzverläufe.

Die typischen Verläufe $H_B(\Omega)$ und $a_B(\Omega)$ bei der <u>Butterworth-</u>

Approximation
sind in Bild 54
dargestellt. Die
Näherungskurve
ist in diesem
Fall bei $\Omega = 0$
__maximal flach__
(__maximal geeb-__
__net__). (Vom Däm-
pfungsverlauf

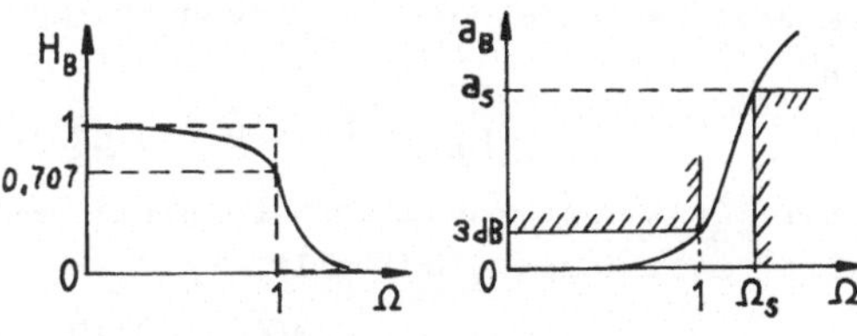

Bild 54 Frequenzverläufe $H_B(\Omega)$ und $a_B(\Omega)$ eines Potenztiefpasses

$a_B(\Omega)$ wird meist die Einhaltung eines vorgegebenen Toleranzschemas gefordert. Die schraffierten Bereiche in Bild 54
sind verboten). Der entsprechende Tiefpaß wird als ein
__Potenztiefpaß__ (__Butterworth-Tiefpaß__) bezeichnet. Die zugehörige Approximationsfunktion lautet

$$\left|\underline{H}_B(j\Omega)\right|^2 = \frac{1}{1 + A_{2n}\Omega^{2n}} \tag{121}$$

Die Funktion (121) enthält im Nenner die gerade Potenz 2n,
da das Betragsquadrat als positive Größe eine gerade Funktion von Ω sein muß. Man setzt in (121) gewöhnlich den Koeffizienten $A_{2n} = 1$, so daß dann gilt

$$\left|H_B(j\Omega)\right|^2 = \frac{1}{1 + \Omega^{2n}} \tag{122}$$

Die Funktion (122) nähert den idealen Verlauf $H_B(\Omega)$ um so
besser an, je größer n gewählt wird. Man setzt in (121) bzw.
(122) auch $\left|\underline{K}(j\Omega)\right| = \Omega^n$ und bezeichnet $\underline{K}(j\Omega)$ als die __charak-__
__teristische Funktion__ des Filters.
Aus (120) und (122) folgt

$$a_B/dB = 10 \lg(1 + \Omega^{2n}) \tag{123}$$

Bei $\Omega = 0$ (f = 0) liegt eine 2n-fache __Anpassungsstelle__ $a_B = 0$
($H_B = 1$) und bei $\Omega = \infty$ (f = ∞) ein 2n-facher __Dämpfungspol__
$a_B = \infty$ ($H_B = 0$). Bei $\Omega = 1$ (f = f_g) ist $a_B = 10 \lg 2 \approx 3$ dB
($H_B = 1/\sqrt{2} = 0{,}707$). Die Grenzfrequenz f_g ist also beim Potenzfilter mit der __3 dB-Grenzfrequenz__ identisch.

Das Betragsquadrat des Betriebsübertragungsfaktors $\underline{H}_B(j\Omega)$ ist

$$\left|\underline{H}_B(j\Omega)\right|^2 = \underline{H}_B(j\Omega)\underline{H}_B^*(j\Omega)$$

wobei $\underline{H}_B^*(j\Omega)$ der konjugiert komplexe Betriebsübertragungs-faktor ist. Wegen (100) gilt

$$\underline{H}_B(-j\Omega) = \underline{H}_B^*(j\Omega) \tag{124}$$

Wir können daher auch schreiben

$$\left|\underline{H}_B(j\Omega)\right|^2 = \underline{H}_B(j\Omega)\underline{H}_B(-j\Omega)$$

Hiermit wird aus Gl. (122)

$$\underline{H}_B(j\Omega)\underline{H}_B(-j\Omega) = \frac{1}{1 + (j\Omega/j)^{2n}}$$

Wir verallgemeinern diese Beziehung durch den Übergang von der $j\Omega$-Achse in die <u>komplexe p-Ebene</u>:

$$\Big| \quad j\Omega \longrightarrow p = \frac{s}{\omega_B} = \Sigma + j\Omega \tag{125}$$

p ist die <u>normierte komplexe Frequenz</u>. Dann ergibt sich

$$\underline{H}_B(p)\underline{H}_B(-p) = \frac{1}{1 + (p/j)^{2n}} \tag{126}$$

Die Pole der komplexen Produktfunktion $\underline{H}_B(p)\cdot\underline{H}_B(-p)$ in der p-Ebene sind die Nullstellen des Nenners von (126). Sie ergeben sich als die Lösungen der charakteristischen Gleichung

$$1 + (p_\nu/j)^{2n} = 0$$

Hieraus folgt $p_\nu = j \sqrt[2n]{-1}$ oder

$$p_\nu = e^{j\frac{\pi}{2}(1 + \frac{2\nu-1}{n})} \qquad (\nu=1,2,\ldots,2n) \tag{127}$$

Alle 2n Pole Gl. (127) liegen auf dem Einheitskreis ($|p_\nu| = 1$) in der p-Ebene. Auf der $j\Omega$-Achse treten keine Pole auf. Die 2n Pole liegen daher zu gleichen Teilen (je n) in der linken und rechten p-Halbebene. Man ordnet die n Pole der <u>linken</u> p-Halbebene der <u>Betriebsübertragungsfunktion</u> $\underline{H}_B(p)$ und die n Pole der rechten p-Halbebene der physikalisch nicht realisierbaren Funktion $\underline{H}_B(-p)$ zu. Hierdurch wird gewährleistet, daß das Nennerpolynom von $\underline{H}_B(p)$ ein Hurwitz-Polynom und damit $\underline{H}_B(p)$ eine physikalisch (d.h. durch ein Netzwerk) realisierbare Funktion ist (vgl. 3.1.3). Man streicht also die Hälfte aller Pole und ordnet die in der linken p-Halbebene übrigbleibenden n Pole der physikalischen Übertragungsfunktion $\underline{H}_B(p)$ zu. Die Pole von $\underline{H}_B(p)$ (mit $\Sigma_\nu < 0$) folgen dann aus

$$p_\nu = e^{j\frac{\pi}{2}(1 + \frac{2\nu-1}{n})} \qquad (\nu = 1,2,\ldots,n) \qquad (128)$$

Wir können für die Betriebsübertragungsfunktion $\underline{H}_B(p)$ mit ihren n Polen bei Berücksichtigung von (126) in der Produktform ansetzen:

$$\underline{H}_B(p) = \frac{1}{\underline{D}_B(p)} = \frac{1}{(p - p_1)(p - p_2)\ldots(p - p_n)} \qquad (129)$$

$\underline{D}_B(p)$ ist die __Betriebsdämpfungsfunktion__. Setzen wir die Nullstellen (128) in (129) ein, so ergibt sich allgemein

$$\underline{H}_B(p) = \frac{1}{\underline{P}_n(p)} = \frac{1}{p^n + b'_{n-1}p^{n-1} + \ldots + b'_1 p + 1} \qquad (130)$$

Die im Nenner von (130) stehenden Polynome $\underline{P}_n(p)$ werden als die __Butterworth-Polynome__ bezeichnet. Man erhält für z.B. n=3:

$$\underline{H}_B(p) = \frac{1}{(p - e^{j2\pi/3})(p + 1)(p - e^{j4\pi/3})}$$

$$= \frac{1}{p^3 + 2p^2 + 2p + 1}$$

Die ersten vier Butterworth-Polynome sind in der Tafel 6 angegeben.

__Tafel 6__ Butterworth-Polynome

$$
\begin{aligned}
n = 1: \quad &\underline{P}_1(p) = p + 1 \\
2: \quad &\underline{P}_2(p) = p^2 + \sqrt{2}\,p + 1 \\
3: \quad &\underline{P}_3(p) = p^3 + 2p^2 + 2p + 1 \\
4: \quad &\underline{P}_4(p) = p^4 + 2{,}6131p^3 + 3{,}4142p^2 + 2{,}6131p + 1
\end{aligned}
\qquad (131)
$$

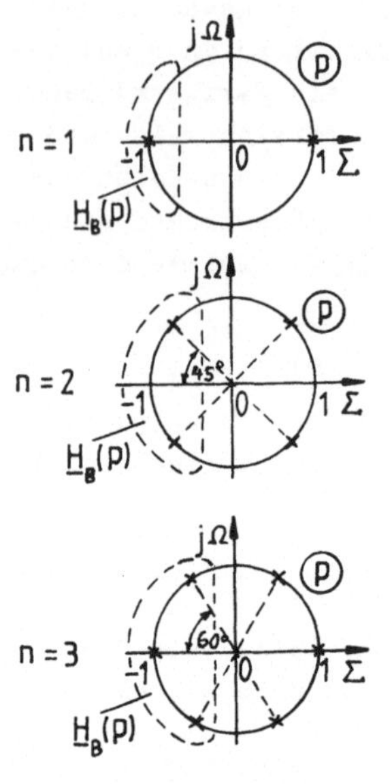

Bild 55 Pole von
$\underline{H}_B(p)\underline{H}_B(-p)$ für
n = 1,2,3 beim
Potenztiefpaß

Die Polkonfigurationen der komplexen Produktfunktion $\underline{H}_B(p)\cdot\underline{H}_B(-p)$
für n = 1,2,3 sind in Bild 55 dargestellt (vgl. für n = 2 auch Bild
46). Die Pole befinden sich im Winkelabstand π/n auf dem Einheitskreis in der p-Ebene. Bei p = ±1
liegen stets Pole für n ungerade,
dagegen keine Pole für n gerade.

3.5.2 Synthese von Potenztiefpässen

Aus der Leistungsbilanz (109') eines Reaktanzfilters wird in der
p-Ebene

$$\underline{\varrho}(p)\underline{\varrho}(-p) + \underline{H}_B(p)\underline{H}_B(-p) = 1 \quad (132)$$

Man kann aus der vorgegebenen Betriebsübertragungsfunktion $\underline{H}_B(p)$
mit Hilfe von Gl. (132) die komplexe Produktfunktion $\underline{\varrho}(p)\cdot\underline{\varrho}(-p)$
ermitteln. Man bestimmt anschliessend die Reflexionsfunktion $\underline{\varrho}(p)$,
wobei der Nenner von $\underline{\varrho}(p)$ ein Hurwitz-Polynom darstellen muß. Wegen (106) gilt

$$\underline{\varrho}(p) = \frac{\underline{Z}_{e1}(p) - R_1}{\underline{Z}_{e1}(p) + R_1} \quad (133)$$

Man ermittelt aus (133) die normierte Eingangsimpedanzfunktion

$$\underline{z}_{e1}(p) = \frac{\underline{Z}_{e1}(p)}{R_1} = \frac{1 + \underline{\varrho}(p)}{1 - \underline{\varrho}(p)} \quad (134)$$

Die Betriebsübertragungsfunktion $\underline{H}_B(p)$ besitzt wegen (129)
bzw. (130) n Nullstellen bei p = ∞ , das sind die Übertragungsfunktionsnullstellen. Diese stellen zugleich die Pole
der Betriebsdämpfungsfunktion $\underline{D}_B(p)$ dar, das sind die
Dämpfungsfunktionspole. Man spaltet deshalb von der Zweipol-

funktion $\underline{z}_{e1}(p)$ bei $\underline{p = \infty}$ abwechselnd den Pol der jeweiligen
Widerstandsfunktion (L in Serie) und den Pol der jeweiligen
Leitwertfunktion (C parallel) ab (die Existenz beider Pol-
arten bedeutet das Auftreten von Dämpfungsfunktionspolen)
und erhält dann einen Kettenbruch von der Form

$$\underline{z}_{e1}(p) = a_1 p + \cfrac{1}{a_2 p + \cfrac{1}{a_3 p + \cfrac{1}{\ddots}}} \qquad (135)$$
$$a_n + 1$$

Die zur Kettenbruchentwicklung (135) gehörige Zweipolschal-
tung ist eine <u>LC-Kettenbruchschaltung, 1.Cauer-Form</u> mit einem ohmschen Widerstand $r = R/R_B = 1$ am Schaltungsende (vgl.
1.3.1). Das Verfahren liefert also zum Schluß die Zweipolfunktion $\underline{z}_{e1}(p)$ Gl. (134), die gemäß (135) in einen Kettenbruch entwickelt und als Kettenbruchschaltung realisiert
wird. Das gegebene Zweitorproblem wird auf diese Weise auf
die Lösung eines Zweipolproblems zurückgeführt. Man erhält

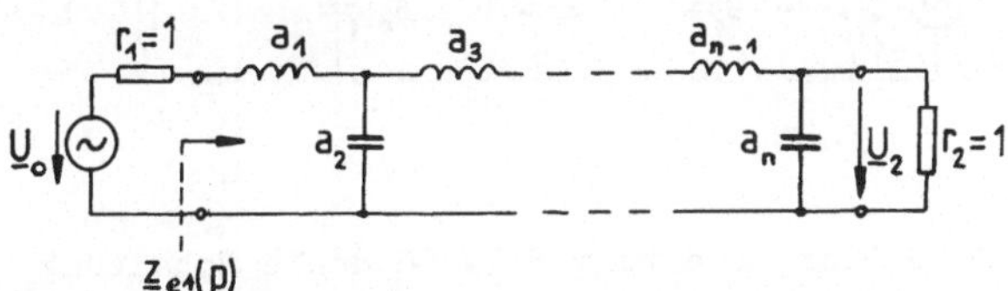

Bild 56 Betriebsschaltung eines Potenztiefpasses

die entsprechende Zweitorbetriebsschaltung, indem man an den
Eingang der erhaltenen Kettenbruchschaltung einen Generator
mit der Quellenspannung $\underline{U}_o$ und dem Innenwiderstand $r_1 =$
$R_1/R_B = 1$ anschließt und die Ausgangsspannung $\underline{U}_2$ am Abschlußwiderstand $r_2 = R_2/R_B = 1$ abgreift (Bild 56 für n
gerade). Für die Betriebsdämpfungsfunktion $\underline{D}_B(p)$ Gl. (129)
bzw. (130) gilt wegen (135):

| Der Grad (die Ordnung) der Betriebsdämpfungsfunktion $\underline{D}_B(p)$ ist gleich der Anzahl der unabhängigen Reaktanzen des zugehörigen Tiefpasses.

Der Tiefpaß besitzt dann den _Grad_ (die _Ordnung_) n.

Der Eingangswiderstand $\underline{Z}_{e1}$ der Schaltung Bild 56 und der Eingangswiderstand $\underline{Z}'_{e1}$ der dazu _dualen Schaltung_ stehen in dem Zusammenhang

$$\underline{Z}_{e1}\underline{Z}'_{e1} = R_1^2 \tag{136}$$

bzw. normiert

$$\frac{\underline{Z}_{e1}}{R_1}\frac{\underline{Z}'_{e1}}{R_1} = \underline{z}_{e1}\underline{z}'_{e1} = 1 \tag{137}$$

Die normierte Eingangsadmittanzfunktion der dualen Schaltung ist

$$\underline{Y}'_{e1}(p) = \underline{Y}'_{e1}(p)R_1 = 1/\underline{z}'_{e1}$$

oder wegen (137)

$$\underline{Y}'_{e1}(p) = \underline{z}_{e1}(p) \tag{138}$$

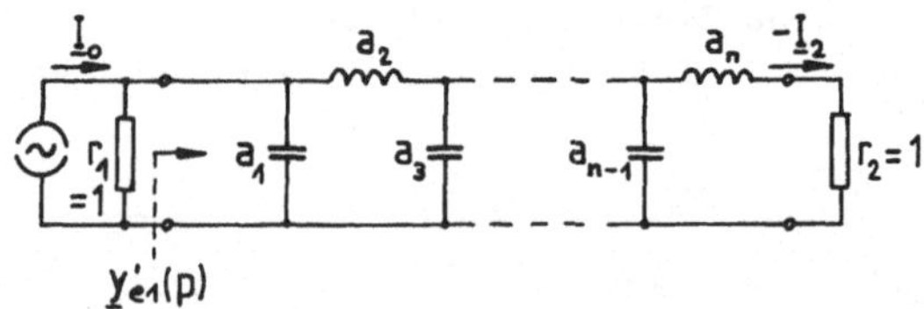

Bild 57   Zur Schaltung Bild 56 duale Schaltung

Wegen (138) und (135) ergibt sich die zur Schaltung Bild 56 duale Schaltung Bild 57. Die duale Schaltung besitzt die gleiche Betriebsübertragungsfunktion wie die ursprüngliche Schaltung

$$\underline{H}'_B(p) = \underline{H}_B(p) \tag{139}$$

Dies folgt aus einer elementaren Berechnung der Betriebsübertragungsfaktoren der beiden Tiefpaßschaltungen Bilder 56 und 57 ($2\underline{U}_2/\underline{U}_0$ bzw. $2(-\underline{I}_2)/\underline{I}_0$). Die zu einer gegebenen Schaltung duale Schaltung weist also das gleiche Übertragungsverhalten bezüglich der Betriebsgrößen $a_B(\Omega)$, $b_B(\Omega)$ und $T_g(\Omega)$ auf.

Die Butterworth-Approximation liefert eine maximal flache Annäherung an den idealen Dämpfungsverlauf im DB bei $\Omega = 0$ ("maximal flacher Tiefpaß"). Die sich ergebende Dämpfungskurvenflanke ist relativ steil. Gibt man auf den Eingang eines Potenztiefpasses einen Spannungssprung, so tritt in der Sprungantwort ein merkliches Überschwingen auf (Bild 58). Will man jedoch sehr steile Dämpfungskurvenflanken erzielen, wie z.B. in einem Hochfrequenz-Nachrichtenübertragungssystem, so erfordern die Potenzfilter einen relativ hohen Aufwand, d.h. eine größere Anzahl von Reaktanzen als einige andere Filtertypen.

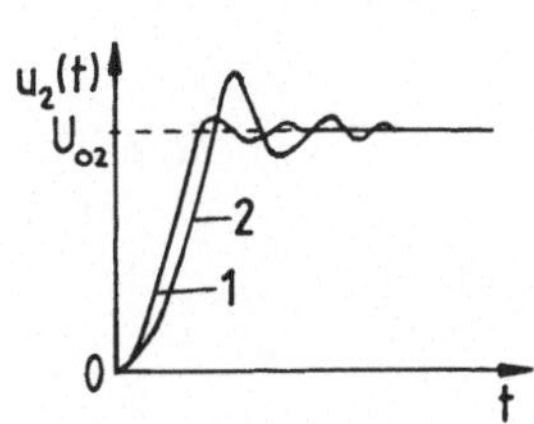

Bild 58 Sprungantwort beim Potenz- (1) und Tschebyscheff-Tiefpaß (2)

<u>Beispiel 11</u>: Ein Potenztiefpaß zweiten Grades (n = 2) besitzt die Betriebsübertragungsfunktion

$$\underline{H}_B(p) = \frac{1}{p^2 + \sqrt{2}\, p + 1}$$

Wegen (132) folgt

$$\underline{Q}(p)\underline{Q}(-p) = 1 - \underline{H}_B(p)\underline{H}_B(-p)$$

$$= 1 - \frac{1}{(p^2 + \sqrt{2}\, p + 1)(p^2 - \sqrt{2}\, p + 1)}$$

$$= 1 - \frac{1}{p^4 + 1} = \frac{p^4}{p^4 + 1}$$

$$= \frac{p^4}{(p^2 + \sqrt{2}\, p + 1)(p^2 - \sqrt{2}\, p + 1)}$$

also

$$\underline{Q}(p) = \frac{p^2}{p^2 + \sqrt{2}\, p + 1}$$

$$\underline{z}_{e1}(p) = \frac{1 + \underline{\varrho}(p)}{1 - \underline{\varrho}(p)} = \frac{2p^2 + \sqrt{2}\,p + 1}{\sqrt{2}\,p + 1}$$

Wir führen eine Kettenbruchentwicklung von $\underline{z}_{e1}(p)$ durch:

$$(:) \quad \sqrt{2}\,p + 1\,\overline{)\,2p^2 + \sqrt{2}\,p + 1}\;\;\overset{\sqrt{2}\,p}{\longleftarrow}$$
$$(-) \quad \underline{2p^2 + \sqrt{2}\,p} \qquad \overset{\sqrt{2}\,p}{\longleftarrow}$$
$$1\,\overline{)\,\sqrt{2}\,p + 1}$$
$$\underline{\sqrt{2}\,p} \qquad \overset{1}{\longleftarrow}$$
$$1\,\overline{)\,1}$$
$$\frac{1}{0}$$

Wir erhalten also

$$\underline{z}_{e1}(p) = \sqrt{2}\,p + \frac{1}{\sqrt{2}\,p + 1}$$

Durch Vergleich mit (135) ergeben sich die Tiefpaßkoeffizienten $a_1 = a_2 = \sqrt{2}$. Die Tiefpaßreaktanzen folgen dann aus $L_1 = a_1 L_B$, $C_2 = a_2 C_B$ mit L_B und C_B gemäß (115). Die zugehörige Tiefpaßschaltung wird durch Bild 56 für i = 1,2 dargestellt.

Für die duale Schaltung gilt wegen (138)

$$\underline{y}_{e1}'(p) = \sqrt{2}\,p + \frac{1}{\sqrt{2}\,p + 1}$$

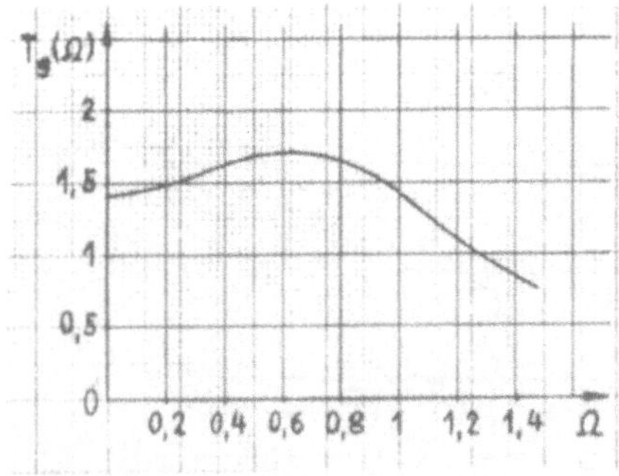

Bild 59 Verlauf $T_g(\Omega)$ des Potenztiefpasses 2.Grades

Hieraus ergeben sich die Koeffizienten $a_1 = a_2 = \sqrt{2}$ und die Reaktanzen $C_1' = a_1 C_B$, $L_2' = a_2 L_B$ des zugehörigen Tiefpasses (Schaltung Bild 57 für i = 1,2).

Für die normierte Gruppenlaufzeit gilt wegen (105)

$$T_g = \frac{db_B}{d\Omega} =$$

$$= \frac{|\Sigma_{x1}|}{\Sigma_{x1}^2 + (\Omega - \Omega_{x1})^2} + \frac{|\Sigma_{x2}|}{\Sigma_{x2}^2 + (\Omega - \Omega_{x2})^2}$$

mit den beiden Polen

$$p_{x1,2} = \Sigma_{x1,2} + j\Omega_{x1,2} = -\frac{1}{\sqrt{2}} \pm j\,\frac{1}{\sqrt{2}}$$

(vgl. Beispiel 9), also

$$T_g = T_{gx1} + T_{gx2} = \frac{1}{\sqrt{2}}\,\frac{1}{0,5 + (\Omega - \frac{1}{\sqrt{2}})^2} + \frac{1}{\sqrt{2}}\,\frac{1}{0,5 + (\Omega + \frac{1}{\sqrt{2}})^2}$$

Die auf grund dieser Beziehung berechnete Gruppenlaufzeit-charakteristik $T_g(\Omega)$ ist in Bild 59 dargestellt.

3.6 Tschebyscheff- und Cauer-Tiefpaß

3.6.1 Tschebyscheff-Tiefpaß

Die typischen Verläufe $H_B(\Omega)$ und $a_B(\Omega)$ bei der Tscheby-scheff-Approximation sind in Bild 60 dargestellt. Die Nähe-

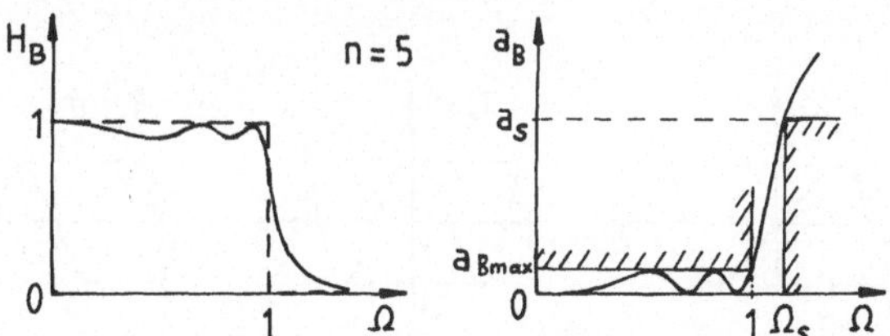

Bild 60   Frequenzverläufe $H_B(\Omega)$ und $a_B(\Omega)$
eines Tschebyscheff-Tiefpasses

rungskurve schwankt in diesem Fall in einem bestimmten Be-reich (hier: DB) gleichmäßig innerhalb eines vorgegebenen Toleranzstreifens. Der entsprechende Tiefpaß wird als ein Tschebyscheff-Tiefpaß bezeichnet. Die Approximationsfunktion ist

$$\left| \underline{H}_B(j\Omega) \right|^2 = \frac{1}{1 + \varepsilon^2 T_n^2(\Omega)} \tag{140}$$

In (140) sind $\varepsilon > 0$ eine reelle Konstante und $T_n(\Omega)$ eine __Tschebyscheff-Funktion__ n.Grades. Die Tschebyscheff-Funktionen lauten in trigonometrischer Darstellung:

$$T_n(\Omega) = \begin{cases} \cos(n \text{ arc } \cos\Omega) \;\dots\; |\Omega| \leqq 1 \\ \cosh(n \text{ Ar } \cosh\Omega) \;\dots\; |\Omega| \geqq 1 \end{cases} \tag{141}$$

Sie können auch als Polynome dargestellt werden und werden dann als die __Tschebyscheff-Polynome__ bezeichnet. Die ersten fünf Tschebyscheff-Polynome sind in der Tafel 7 zusammengestellt.

<u>Tafel 7</u> Tschebyscheff-Polynome

$$\begin{aligned} n = 1: \quad & T_1(\Omega) = \Omega \\ 2: \quad & T_2(\Omega) = 2\Omega^2 - 1 \\ 3: \quad & T_3(\Omega) = 4\Omega^3 - 3\Omega \\ 4: \quad & T_4(\Omega) = 8\Omega^4 - 8\Omega^2 + 1 \\ 5: \quad & T_5(\Omega) = 16\Omega^5 - 20\Omega^3 + 5\Omega \end{aligned} \tag{142}$$

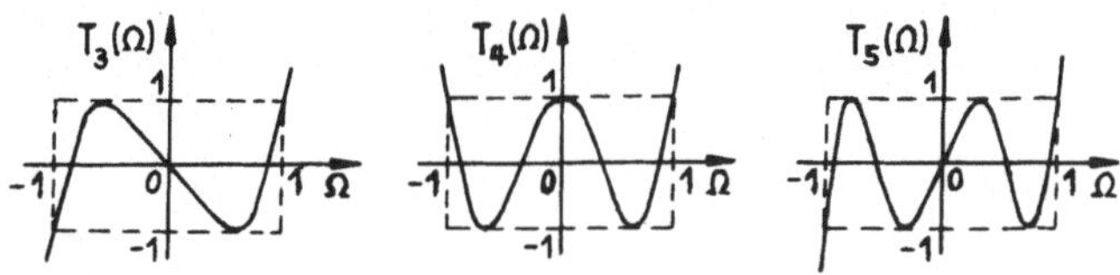

Bild 61 Verläufe der Tschebyscheff-Polynome $T_3(\Omega)$, $T_4(\Omega)$ und $T_5(\Omega)$

Die Verläufe $T_3(\Omega)$, $T_4(\Omega)$ und $T_5(\Omega)$ sind in Bild 61 dargestellt. Für $\Omega = \pm 1$ ist $|T_n(\Omega)| = 1$. Die Polynome $T_n(\Omega)$ oszillieren im Bereich $-1 \leqq \Omega \leqq +1$ (n+1)-mal zwischen -1 und +1. $|T_n(\Omega)|$ wächst für $|\Omega| > 1$ (SB) monoton gegen ∞, wobei die Steigung mit wachsendem n rasch zunimmt.

Wegen (120) und (140) folgt

$$a_B/dB = 10 \lg\left[1 + \varepsilon^2 T_n^2(\Omega)\right] \tag{143}$$

Bei $\Omega = 1$, $f = f_g$ folgt aus (143) wegen $T_n(1) = 1$

$$a_{Bmax}/dB = 10 \lg(1 + \varepsilon^2) \tag{144}$$

d.i. die Dämpfung an der Durchlaßgrenze, die ein Dämpfungsmaximum im DB darstellt. Alle im DB auftretenden Dämpfungsmaxima sind gleich hoch (Bild 60), ihre Höhe wird durch ε
bestimmt. Im DB tritt also eine gleichmäßige Welligkeit
auf.

Aus (140) folgt in der p-Ebene die komplexe Approximationsfunktion

$$\underline{H}_B(p)\underline{H}_B(-p) = \frac{1}{1 + \varepsilon^2 T_n^2(p/j)} \tag{145}$$

Die Pole von $\underline{H}_B(p)\underline{H}_B(-p)$ ergeben sich aus

$$1 + \varepsilon^2 T_n^2(p_\nu/j) = 0$$

Hieraus folgt

$$T_n(p_\nu/j) = \cos(n \text{ arc } \cos\tfrac{p_\nu}{j}) = \pm j\tfrac{1}{\varepsilon}$$

Die Substitution $w_\nu = u_\nu + jv_\nu = \text{arc } \cos\tfrac{p_\nu}{j}$ ergibt

$$T_n(p_\nu/j) = \cos nw_\nu = \cos(nu_\nu + jnv_\nu) = \pm j\tfrac{1}{\varepsilon}$$
$$= \cos nu_\nu \cosh nv_\nu - j \sin nu_\nu \sinh nv_\nu$$

Die Trennung in Real- und Imaginärteil liefert

$$\begin{aligned} \cos nu_\nu \cosh nv_\nu &= 0 \\ \sin nu_\nu \sinh nv_\nu &= \mp \tfrac{1}{\varepsilon} \end{aligned} \tag{146}$$

Da $\cosh nv_\nu \neq 0$ für beliebige Werte v_ν ist, muß $\cos nu_\nu = 0$
gelten, also

$$u_\nu = \frac{2\nu - 1}{2n}\pi \qquad (\nu = 1,2,\ldots,2n) \tag{147}$$

Wegen $\sin nu_\nu = \pm 1$ folgt dann aus der zweiten Gleichung (146)
$\sinh nv_\nu = \pm \tfrac{1}{\varepsilon}$ oder

$$v_\nu = \pm \tfrac{1}{n} \text{ Ar sinh } \tfrac{1}{\varepsilon} \tag{148}$$

Durch Rücksubstitution ergibt sich

$$p_\nu = \Sigma_\nu + j\Omega_\nu = j \cos w_\nu = j \cos(u_\nu + jv_\nu)$$
$$= j \cos u_\nu \cosh v_\nu + \sin u_\nu \sinh v_\nu$$

Die Koordinaten der Pole der komplexen Produktfunktion $\underline{H}_B(p)\cdot\underline{H}_B(-p)$ Gl. (145) sind also wegen (147) und (148)

$$\Sigma_\nu = \pm\ \sin(\frac{2\nu - 1}{2n}\pi)\ \sinh(\frac{1}{n}\ \mathrm{Ar\ sinh}\ \frac{1}{\varepsilon})$$
$$\Omega_\nu = \quad \cos(\frac{2\nu - 1}{2n}\pi)\ \cosh(\frac{1}{n}\ \mathrm{Ar\ sinh}\ \frac{1}{\varepsilon}) \qquad (\nu=1,2,\ldots,2n) \quad (149)$$

Aus (149) folgt

$$\frac{\Sigma_\nu^2}{\sinh^2 v_\nu} + \frac{\Omega_\nu^2}{\cosh^2 v_\nu} = 1$$

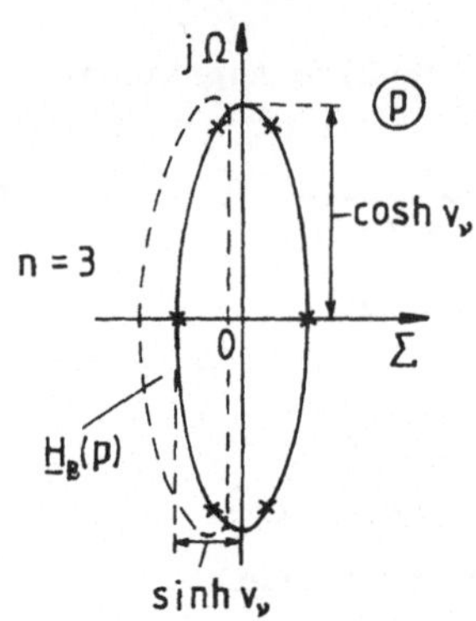

Bild 62 Pole von $\underline{H}_B(p)\underline{H}_B(-p)$ für n= 3 beim Tschebyscheff-Tiefpaß

d.i. die Gleichung einer Ellipse mit der reellen (kleinen) Halbachse sinh v_ν und der imaginären (großen) Halbachse cosh v_ν. Alle Pole Gl. (149) liegen auf dieser Ellipse (Bild 62 für n = 3). Die Pole der linken p-Halbebene werden wieder der Betriebsübertragungsfunktion $\underline{H}_B(p)$ zugeordnet. Die Pole von $\underline{H}_B(p)$ folgen daher aus

$$\Sigma_\nu = -\ \sin(\frac{2\nu - 1}{2n}\pi)\ \sinh(\frac{1}{n}\ \mathrm{Ar\ sinh}\ \frac{1}{\varepsilon})$$
$$\Omega_\nu = \quad \cos(\frac{2\nu - 1}{2n}\pi)\ \cosh(\frac{1}{n}\ \mathrm{Ar\ sinh}\ \frac{1}{\varepsilon}) \qquad (\nu=1,2,\ldots,n) \quad (150)$$

Der Koeffizient eines Tschebyscheff-Polynoms $T_n(\Omega)$ bei der höchsten Ω-Potenz ist gemäß (142) 2^{n-1}. Wir können daher für die Betriebsübertragungsfunktion $\underline{H}_B(p)$ bei Berücksichtigung von (145) ansetzen:

$$\underline{H}_B(p) = \frac{1}{\underline{D}_B(p)} = \frac{1}{\varepsilon 2^{n-1}(p - p_1)(p - p_2)\ldots(p - p_n)} \quad (151)$$

Für z.B. $\varepsilon = 0{,}5$ ergibt sich

$$n = 1: \quad \underline{D}_B(p) = 0{,}5p + 1$$
$$2: \quad \underline{D}_B(p) = p^2 + 1{,}1118p + 1{,}118$$
$$3: \quad \underline{D}_B(p) = 2p^3 + 2p^2 + 2{,}5p + 1$$

Für Tschebyscheff-Tiefpässe mit n ungerade gilt daher $r_2 = 1$
(bei $\Omega = 0$ ist $a_B = 0$), für Tschebyscheff-Tiefpässe mit n
gerade dagegen $r_2 \neq 1$ (bei $\Omega = 0$ ist $a_B = a_{Bmax}$).
Anstelle der Konstante ε wird häufig der im DB maximal zuge-
lassene Reflexionsfaktor ϱ_{max} angegeben, d.i. der Reflexionsfaktor an der Durchlaßgrenze $\Omega = 1$. Wir können für das
Dämpfungsmaximum im DB anstelle von (144) wegen (110)
schreiben

$$a_{Bmax}/dB = -10 \lg(1 - \varrho^2_{max}) \tag{152}$$

Für den Zusammenhang zwischen ε und ϱ_{max} gilt wegen (144)
und (152)

$$\varrho_{max} = \frac{\varepsilon}{\sqrt{\varepsilon^2 + 1}} \tag{153}$$

Man kann anstelle von a_{Bmax} auch die im DB mindestens erforderliche Echodämpfung angeben:

$$a_{Emin}/dB = -20 \lg \varrho_{max} \tag{154}$$

Die Tschebyscheff-Filter liefern bei gleichem Aufwand stei-
lere Dämpfungskurvenflanken als die Potenzfilter. Sie zeich-
nen sich außerdem durch sehr geringe Werte der Dämpfungsmaxima im DB aus. Das Einschwingverhalten der Tschebyscheff-
Filter ist jedoch schlechter als das der entsprechenden Potenzfilter, und zwar tritt in der Sprungantwort ein starkes
Überschwingen auf (Bild 58).
Für normierte Potenz- und Tschebyscheff-Tiefpässe liegen
Filter-Kataloge vor, die berechnete Schaltungen bis zum Grad
n = 15 und auch die normierte Gruppenlaufzeit enthalten
([16] . Die normierte Gruppenlaufzeit ist hierin durch
$T_g = \frac{1}{2\pi} db_B/d\Omega$ definiert. Aus [16] ist die Tabelle Tafel 8
entnommen).

Tafel 8 Tschebyscheff-Tiefpässe mit $a_{Emin} = 14$ dB (nach G. Pfitzenmaier)

$\underline{n = 3}$:

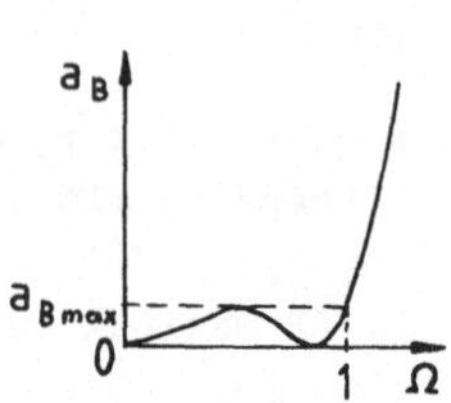

$$a_1 = a_3 = 1,187978$$
$$a_2 = 1,154234$$

a_S/dB	Ω_S	a_S/dB	Ω_S	a_S/dB	Ω_S
3	1,3013	20	2,4115	36	4,3213
6	1,4779	22	2,5887	38	4,6571
8	1,5902	24	2,7808	40	5,0204
10	1,7057	26	2,9891	42	5,4132
12	1,8273	28	3,2148	44	5,8379
14	1,9572	30	3,4594	46	6,2970
16	2,0970	32	3,7242	48	6,7932
18	2,2480	34	4,0110	50	7,3294

$\underline{n = 5}$:

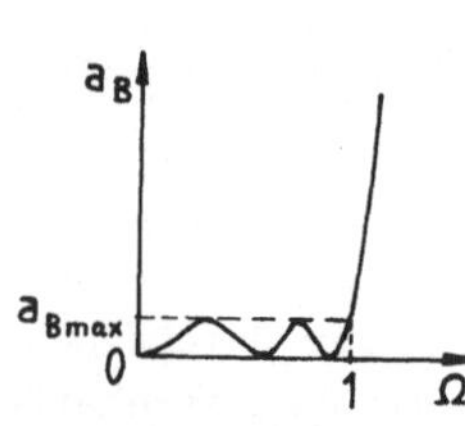

$$a_1 = a_5 = 1,300426$$
$$a_2 = a_4 = 1,345877$$
$$a_3 = 2,127107$$

a_S/dB	Ω_S	a_S/dB	Ω_S	a_S/dB	Ω_S
3	1,1052	22	1,5004	40	2,1094
6	1,1641	24	1,5538	42	2,1972
8	1,2007	26	1,6105	44	2,2897
10	1,2376	28	1,6705	46	2,3870
12	1,2757	30	1,7340	48	2,4894
14	1,3157	32	1,8011	50	2,5970
16	1,3579	34	1,8721	52	2,7102
18	1,4026	36	1,9470	54	2,8291
20	1,4501	38	2,0260	56	2,9540

3.6.2 Cauer-Tiefpaß

Bei der Approximation nach W. C a u e r wird der Dämpfungsverlauf nicht nur im DB, sondern auch im SB im Tschebyscheffschen Sinne angenähert. Bei einem <u>Cauer-Tiefpaß</u>
(<u>elliptischer Tiefpaß</u>, engl. elliptic lowpass filter) sind

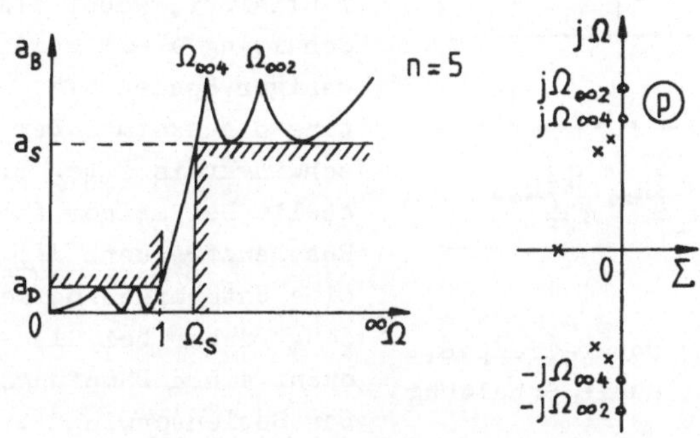

Bild 63   Frequenzverlauf $a_B(\Omega)$ und PN-Plan
eines Cauer-Tiefpasses

daher Dämpfungspole $a_B = \infty$ auch bei endlichen Frequenzen
$\Omega_{\infty 2\nu}$ vorhanden. Die Sperrdämpfung unterschreitet ab einer
bestimmten normierten Frequenz Ω_S einen Mindestwert a_S nicht
(Bild 63 links).
Beim Cauer-Tiefpaß treten wegen des Vorhandenseins von Däm-
pfungspolen bei endlichen Frequenzen Dämpfungsfunktionspole
bzw. Übertragungsfunktionsnullstellen auf der $j\Omega$-Achse auf.
Die Betriebsübertragungsfunktion des Cauer-Tiefpasses besitzt daher für n ungerade die Form

$$\underline{H}_B(p) = \frac{1}{\underline{D}_B(p)} = K\,\frac{(p^2+\Omega_{\infty 2}^2)(p^2+\Omega_{\infty 4}^2)\ldots(p^2+\Omega_{\infty n-1}^2)}{(p - p_1)(p - p_2)\ldots(p - p_n)} \qquad (155)$$

Die Übertragungsfunktionsnullstellen liegen also bei
$p_\nu = \pm j\Omega_{\infty 2\nu}$ (s. PN-Plan Bild 63 rechts).
Zur Realisierung der Dämpfungspole bei den Frequenzen $\Omega_{\infty 2\nu}$

werden in einem Cauer-Tiefpaß Parallelschwingkreise in
Längszweigen oder Serienschwingkreise in Querzweigen ver-

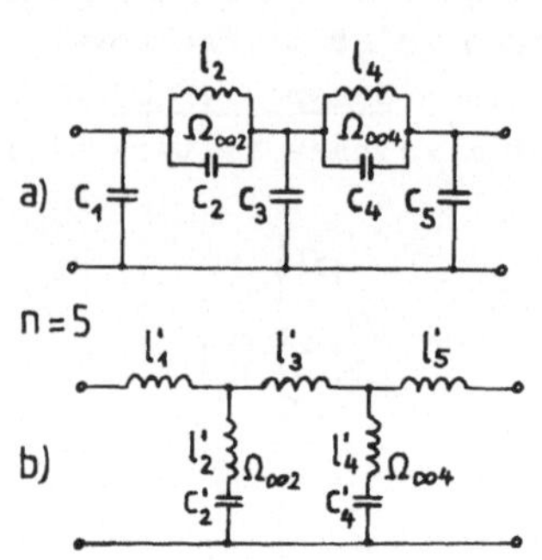

Bild 64 a) Cauer-Tiefpaß,
        b) duale Schaltung

wendet. Der Dämpfungsverlauf Bild 63 links wird durch die Schaltung Bild 64 a oder die dazu duale Schaltung Bild 64 b realisiert, wobei also die Schaltung a mit wesentlich weniger Spulen als die Schaltung b auskommt. Der Parallelschwingkreis $l_2 \| c_2$ Bild 64 a stellt bei seiner (normierten) Resonanzfrequenz $\Omega_{\infty2} = 1/\sqrt{l_2 c_2}$ eine Unterbrechung dar und erzeugt daher bei dieser Frequenz einen Dämpfungspol.

Der Serienschwingkreis $l_2'-c_2'$ Bild 64 b schließt das Filter bei seiner Resonanzfrequenz $\Omega_{\infty2} = 1/\sqrt{l_2' c_2'}$ kurz und erzeugt dadurch bei dieser Frequenz ebenfalls einen Dämpfungspol. Der zweite Dämpfungspol im Endlichen liegt bei der normierten Frequenz $\Omega_{\infty4} = 1/\sqrt{l_4 c_4} = 1/\sqrt{l_4' c_4'}$. Ein dritter Dämpfungspol liegt bei $\Omega = \infty$.

Die Berechnung der Cauer-Filter ist äußerst aufwendig, es müssen dabei elliptische Integrale ausgewertet werden. Man verwendet als Maß für die normierte Sperrfrequenz Ω_S den
<u>Modulwinkel</u> $\Theta/^\circ$ der Jakobischen elliptischen Funktionen. Für
<u>n ungerade</u> gilt

$$\sin \Theta/^\circ = 1/\Omega_S = f_B/f_S \tag{156}$$

Die Cauer-Filter liefern die größten Flankensteilheiten der Dämpfungskurven bei geringstem Bauelementeaufwand und sind deshalb von großer praktischer Bedeutung. Ihr Einschwingverhalten ist allerdings relativ schlecht. Es sind Filterkataloge mit berechneten Cauer-Tiefpaßschaltungen bis zum Grad n = 15 erstellt worden ([17]. Hieraus ist die Tabelle Tafel 9 entnommen).

Tafel 9 Cauer-Tiefpaß mit $n = 5$, $\varrho_{max} = 20\ \%$ (C 0520)
für $r_1 = r_2 = 1$ (nach R. Saal)

Der zugehörige prinzipielle Dämpfungsverlauf $a_B(\Omega)$
ist in Bild 63 links dargestellt.

$\Theta/°$	a_S/dB	ν	$\dfrac{c_{2\nu-1}}{l'_{2\nu-1}}$	$\dfrac{l_{2\nu}}{c'_{2\nu}}$	$\dfrac{c_{2\nu}}{l'_{2\nu}}$	$\Omega_{\infty 2\nu}$
35	54,3	1	1,217570	1,242902	0,103631	2,786358
		2	1,867730	1,056475	0,286708	1,816980
		3	1,066140			
36	53,0	1	1,212444	1,236694	0,110192	2,708909
		2	1,853072	1,040107	0,306140	1,772152
		3	1,052443			
37	51,7	1	1,207143	1,230276	0,117011	2,635631
		2	1,838057	1,023324	0,326535	1,729930
		3	1,038351			
38	50,5	1	1,201662	1,223643	0,124099	2,566192
		2	1,822691	1,006131	0,347948	1,690112
		3	1,023860			
39	49,3	1	1,195999	1,216790	0,131462	2,500295
		2	1,806979	0,988531	0,370440	1,652616
		3	1,008970			
40	48,1	1	1,190149	1,209713	0,139113	2,437673
		2	1,790929	0,970531	0,394079	1,616977
		3	0,993676			
41	46,9	1	1,184108	1,202406	0,147060	2,378086
		2	1,774545	0,952134	0,418937	1,583348
		3	0,977977			
42	45,7	1	1,177872	1,194863	0,155315	2,321314
		2	1,757836	0,933347	0,445098	1,551495
		3	0,961868			
43	44,6	1	1,171436	1,187077	0,163892	2,267159
		2	1,740808	0,914175	0,472653	1,521297
		3	0,945347			
44	43,5	1	1,164795	1.179043	0,172802	2,215442
		2	1,723468	0,894623	0,501703	1,492645
		3	0,928408			
45	42,4	1	1,157944	1,170751	0,182062	2,165997
		2	1,705826	0,874698	0,532362	1,465437
		3	0,911047			
46	41,3	1	1,150876	1,162195	0,191687	2,118676
		2	1,687889	0,854408	0,564757	1,439583
		3	0,893259			
47	40,2	1	1,143585	1,153364	0,201694	2,073339
		2	1,669667	0,833758	0,599029	1,414999
		3	0,875038			
48	39,2	1	1,136066	1,144250	0,212103	2,029861
		2	1,651170	0,812756	0,635338	1,391610
		3	0,856377			
49	38,2	1	1,128310	1,134841	0,222934	1,988127
		2	1,632407	0,791412	0,673864	1,369345
		3	0,837269			

3.7 Bessel-Tiefpaß

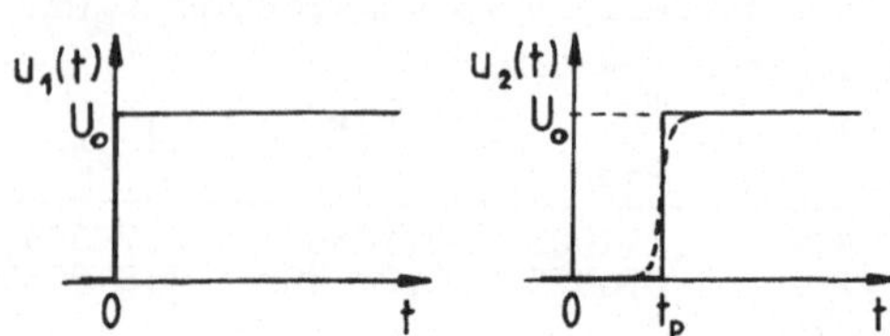

Bild 65   Spannungssprung und Sprungantwort beim Bessel-Tiefpaß

Wird an den Eingang
eines Netzwerks der
Spannungssprung
$u_1(t) = U_0 \sigma(t)$ mit
der Sprungfunktion

$$\sigma(t) = \begin{cases} 0 \dots & t < 0 \\ 1 \dots & t > 0 \end{cases}$$

gelegt (Bild 65
links), so ist die
Bildfunktion

(Laplace-Transformierte) von $u_1(t)$

$$\underline{U}_1(s) = \mathcal{L}\{u_1(t)\} = U_0\,\mathcal{L}\{\sigma(t)\} = \frac{U_0}{s}$$

Ein _ideales_ Verzögerungsnetzwerk verzögert das Eingangssig-
nal $u_1(t)$ um die Laufzeit t_p. Die Sprungantwort am Ausgang
des Netzwerks ist dann $u_2(t) = U_0\sigma(t - t_p)$ (Bild 65 rechts),
und für die zugehörige Bildfunktion ergibt sich

$$\underline{U}_2(s) = \mathcal{L}\{u_2(t)\} = U_0\,\mathcal{L}\{\sigma(t - t_p)\} = U_0\frac{e^{-st_p}}{s}$$

(Verschiebungssatz der Laplace-Transformation). Die Übertragungsfunktion ist daher

$$\underline{H}(s) = \frac{\underline{U}_2(s)}{\underline{U}_1(s)} = e^{-st_p} = \frac{1}{e^{st_p}} \tag{157}$$

Gl.(157) entspricht für $s = j\omega$ einer _linear_ mit der Frequenz
ansteigenden Netzwerkphase:

$$b(\omega) = \omega t_p \tag{158}$$

Wir betrachten im folgenden die Approximation eines linearen
Phasenverlaufes gemäß (158) bzw. einer konstanten Gruppenlaufzeit $t_g = t_p$ in einem bestimmten Frequenzbereich durch
eine geeignete Netzwerkfunktion. Führen wir in (157) die

normierte komplexe Frequenz $p = s/\omega_p = st_p$ $(\omega_p = 1/t_p)$ ein,
so erhalten wir für die Übertragungsfunktion

$$\underline{H}(p) = \frac{1}{e^p} \tag{159}$$

Die Funktion $\underline{H}(p)$ G.(159) ist dann durch ein Netzwerk realisierbar, wenn die Nennerfunktion e^p durch ein Polynom approximiert werden kann, das ein Hurwitz-Polynom darstellt. Die
direkte Entwicklung von e^p in eine Reihe und Abbruch dieser
Reihe nach dem n-ten Glied liefert nicht für alle Ordnungen
Hurwitz-Polynome, sodaß diese Approximationsmethode un-
brauchbar ist. Dagegen führt das folgende Approximations-
verfahren zum Ziel. Man macht den Näherungsansatz

$$\underline{H}(p) = \frac{1}{e^p} = \frac{1}{\cosh p + \sinh p} = \frac{K}{g_n(p) + u_n(p)} \tag{160}$$

Die Konstante K in (160) ist durch $\underline{H}(0) = 1$ festgelegt. Der
gerade Teil $g_n(p)$ und der ungerade Teil $u_n(p)$ des Approxima-
tionspolynoms im Nenner von (160) werden aus der Kettenbruchentwicklung von $\coth p$ gewonnen, die nach dem n-ten
Glied abgebrochen wird:

$$\coth p = \frac{\cosh p}{\sinh p} = \frac{g_n(p)}{u_n(p)} = \frac{1 + \frac{p^2}{2!} + \frac{p^4}{4!} + \ldots}{p + \frac{p^3}{3!} + \frac{p^5}{5!} + \ldots}$$

$$= \frac{1}{p} + \cfrac{1}{\frac{3}{p} + \cfrac{1}{\frac{5}{p} + \cfrac{1}{\ddots \cfrac{}{\frac{2n-1}{p}}}}} \tag{161}$$

Das Polynom $g_n(p) + u_n(p)$ in (160) ist dann stets ein Hurwitz-Polynom.
Für z.B. n = 3 folgt

$$\coth p = \frac{1}{p} + \cfrac{1}{\cfrac{3}{p} + \cfrac{1}{\cfrac{5}{p}}} = \frac{6p^2 + 15}{p^3 + 15p} = \frac{g_3(p)}{u_3(p)}$$

also

$$\underline{H}(p) = \frac{K}{g_3(p) + u_3(p)} = \frac{15}{p^3 + 6p^2 + 15p + 15}$$

$$= \frac{1}{\frac{1}{15}\,p^3 + \frac{2}{5}\,p^2 + p + 1}$$

Hierbei wurde K = 15 gewählt, damit sich für p = 0 die Übertragungsfunktion $\underline{H}$ = 1 ergibt. Das Nennerpolynom in $\underline{H}(p)$ ist das Bessel-Polynom $\underline{B}_3(p)$. Die ersten vier Bessel-Polynome $\underline{B}_n(p)$ sind in der Tafel 10 angegeben.

<u>Tafel 10</u>   Bessel-Polynome

$$n = 1: \quad \underline{B}_1(p) = p + 1$$

$$2: \quad \underline{B}_2(p) = \frac{1}{3}\,p^2 + p + 1$$

$$3: \quad \underline{B}_3(p) = \frac{1}{15}\,p^3 + \frac{2}{5}\,p^2 + p + 1$$

$$4: \quad \underline{B}_4(p) = \frac{1}{105}\,p^4 + \frac{2}{21}\,p^3 + \frac{3}{7}\,p^2 + p + 1$$

$$(162)$$

Die Realisierung der Übertragungsfunktion $\underline{H}(p)$ durch ein entsprechendes LC-Netzwerk erfolgt in der gleichen Weise wie beim Potenztiefpaß (3.5.2). Der dabei erhaltene Tiefpaß wird als ein <u>Bessel-Tiefpaß</u> (<u>Thomson-Tiefpaß</u>) bezeichnet.
Die Bessel-Approximation liefert eine maximal flache Annäherung an den idealen Gruppenlaufzeitverlauf bei Ω = 0. In der Sprungantwort tritt dann kein Überschwingen auf. (Die tatsächliche Sprungantwort ist in Bild 65 rechts strichliert dargestellt). Ein Rechteckimpuls wird vom Bessel-Tiefpaß mit der geringsten Änderung seiner Kurvenform übertragen. Die Bessel-Filter weisen daher optimales Einschwingverhalten auf. Ein Nachteil der Bessel-Filter gegenüber den Potenz-,

Tschebyscheff- und Cauer-Filtern ist die bei gleichem Schaltungsaufwand geringere Flankensteilheit der Dämpfungskurven.

3.8 Frequenztransformationen

Man kann das Verhalten eines Tiefpasses mit Hilfe von <u>Frequenztransformationen</u> in das Verhalten eines Hochpasses, eines Bandpasses oder einer Bandsperre überführen. Man benötigt also für diese Filter keine weiteren Approximationen, sondern kann ihr Verhalten aus dem bekannten Verhalten eines Tiefpasses (<u>Referenztiefpaß</u>) herleiten.

3.8.1 Tiefpaß-Hochpaß-Transformation

Für einen <u>Hochpaß</u> gilt:

$$\text{DB: } f = f_g \ldots \infty$$
$$\text{SB: } f = 0 \ldots f_g$$

Führt man die normierte Frequenz des Hochpasses ein

$$\widetilde{\Omega} = f/f_B \; , \; f_B = f_g$$

so kann man auch schreiben:

$$\text{DB: } \widetilde{\Omega} = 1 \ldots \infty$$
$$\text{SB: } \widetilde{\Omega} = 0 \ldots 1$$

Die ideale Dämpfungscharakteristik des Hochpasses ist in Bild 66 dargestellt.

Das Verhalten eines Tiefpasses wird durch die Frequenztransformation

$$p = 1/\widetilde{p} \quad \text{bzw.} \quad s = \omega_B^2/\widetilde{s} \qquad (163)$$

in das Verhalten eines Hochpasses übergeführt (<u>Tiefpaß-Hochpaß-Transformation</u>). $\widetilde{p}$ ist die normierte komplexe Frequenz und $\widetilde{s}$ die komplexe Frequenz des Hochpasses. Speziell folgt aus (163) für die normierten Frequenzen wegen $p = j\Omega$, $\widetilde{p} = j\widetilde{\Omega}$

$$\Omega = 1/-\widetilde{\Omega}$$

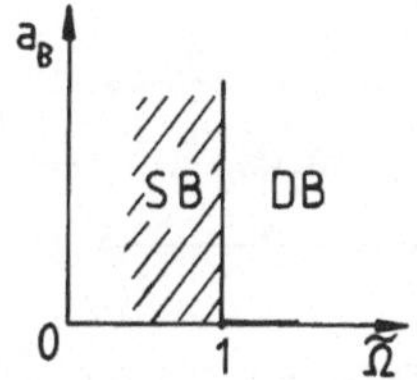

Bild 66 Idealer Dämpfungsverlauf des Hochpasses

Wir ordnen jedoch jeder <u>positiven</u> normierten Hochpaßfrequenz $\widetilde{\Omega}$ eine normierte Tiefpaßfrequenz Ω zu:

$$\left| \quad \Omega = 1/\widetilde{\Omega} = f_B/f \ , \ f_B = f_g \right. \tag{164}$$

Für die Transformation der Impedanzen und Admittanzen ergibt sich wegen (118) und (163), wenn wir die aus (115) folgende Beziehung

$$\omega_B^2 = 1/L_B C_B \tag{165}$$

berücksichtigen

$$sL_{iTP} = sa_i L_B = a_i/\widetilde{s}C_B = 1/\widetilde{s}C_i$$
$$sC_{iTP} = sa_i C_B = a_i/\widetilde{s}L_B = 1/\widetilde{s}L_i$$

Durch die Frequenztransformation (163) geht also die Induktivität L_{iTP} des Tiefpasses in die Kapazität C_i des Hochpasses und die Kapazität C_{iTP} des Tiefpasses in die Induktivität L_i des Hochpasses über. Wir erhalten also für die Dimensionierung des Hochpasses:

$$\left| \begin{array}{l} C_i = c_i C_B \ , \ c_i = 1/a_i \\ L_i = l_i L_B \ , \ l_i = 1/a_i \end{array} \right. \quad (i=1,2,\ldots,n) \tag{166}$$

mit den Tiefpaßkoeffizienten a_i und L_B, C_B gemäß (115).

Ein durch Frequenztransformation aus dem normierten Tiefpaß gewonnener Hochpaß vom Grad $n = 3$ ist in Bild 67 dargestellt.

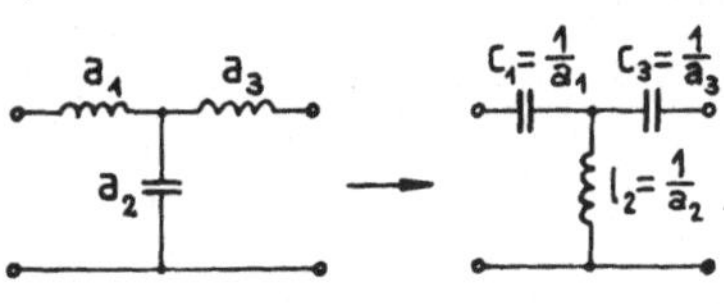

Bild 67   Tiefpaß-Hochpaß-Transformation für n=3

3.8.2 Tiefpaß-Bandpaß-Transformation

Für einen <u>Bandpaß</u> gilt:

$$\text{DB: } f = f_{-g} \ldots f_g$$
$$\text{SB: } f = 0 \ldots f_{-g}, \ f_g \ldots \infty$$

f_{-g} wird als die <u>untere</u> und f_g als die <u>obere Grenzfrequenz</u> bezeichnet. Weitere Kenngrößen des Bandpasses sind die

(geometrische) <u>Bandmittenfrequenz</u>
(Bezugsfrequenz)

$$f_B = \sqrt{f_g f_{-g}} \qquad (167)$$

und die <u>relative Bandbreite</u>

$$B = \frac{f_g - f_{-g}}{f_B} \qquad (168)$$

Die normierte Frequenz des Bandpasses ist $\widetilde{\Omega} = f/f_B$. Die ideale Dämpfungscharakteristik des Bandpasses ist in Bild 68 dargestellt.

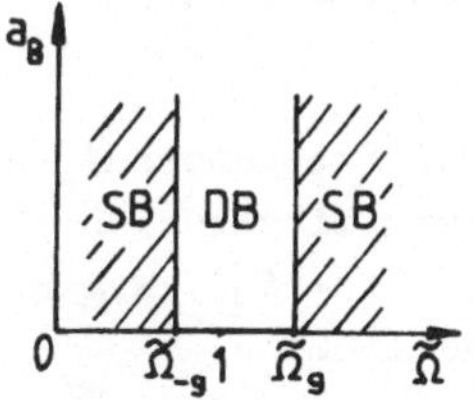

Bild 68 Idealer Dämpfungsverlauf des Bandpasses

Das Verhalten eines Tiefpasses wird durch die Frequenztransformation

$$p = \frac{1}{B}(\widetilde{p} + \frac{1}{\widetilde{p}}) \quad \text{bzw.} \quad s = \frac{\omega_B}{B}(\frac{\widetilde{s}}{\omega_B} + \frac{\omega_B}{\widetilde{s}}) \qquad (169)$$

in das Verhalten eines Bandpasses übergeführt (<u>Tiefpaß-Bandpaß-Transformation</u>). $\widetilde{p}$ ist die normierte komplexe Frequenz und $\widetilde{s}$ die komplexe Frequenz des Bandpasses. Aus (169) folgt für die normierten Frequenzen

$$\Omega = \frac{1}{B}(\widetilde{\Omega} - \frac{1}{\widetilde{\Omega}}) = \frac{1}{B}(\frac{f}{f_B} - \frac{f_B}{f}) \qquad (170)$$

Einer Frequenz Ω beim Tiefpaß entsprechen beim Bandpaß zwei Frequenzen $\widetilde{\Omega}_+$ und $\widetilde{\Omega}_-$. Diese ergeben sich aus der Transformationsbedingung

$$\pm\Omega = \frac{1}{B}(\widetilde{\Omega} - \frac{1}{\widetilde{\Omega}}) = \frac{1}{B}\frac{\widetilde{\Omega}^2 - 1}{\widetilde{\Omega}}$$

Hieraus folgt

$$\widetilde{\Omega}_\pm = \pm\frac{B\Omega}{2} \pm \sqrt{(\frac{B\Omega}{2})^2 + 1}$$

Für die <u>positiven</u> Frequenzen des Bandpasses gilt also

$$\widetilde{\Omega}_\pm = \sqrt{(\frac{B\Omega}{2}) + 1} \pm \frac{B\Omega}{2} \qquad (171)$$

Für das Produkt zweier Bandpaßfrequenzen $\widetilde{\Omega}_+$ und $\widetilde{\Omega}_-$ ergibt sich aus (171)

$$\tilde{\Omega}_+\tilde{\Omega}_- = 1 \qquad (172)$$

Zwei Frequenzen $\tilde{\Omega}_+$ und $\tilde{\Omega}_-$ des Bandpasses mit gleicher Dämpfung liegen also geometrisch symmetrisch zu $\tilde{\Omega} = 1$ ($\Omega = 0$ bzw. $f = f_B$). Wegen (172) gilt z.B. an den Durchlaßgrenzen und im SB

$$\tilde{\Omega}_{-g} = 1/\tilde{\Omega}_g \;,\; \tilde{\Omega}_{-S} = 1/\tilde{\Omega}_S$$

und daher im SB wegen (170)

$$\Omega_S = \frac{1}{B}(\tilde{\Omega}_S - \tilde{\Omega}_{-S}) \qquad (173)$$

Für die Transformation der Impedanzen und Admittanzen ergibt sich wegen (118), (169) und (165)

$$sL_{iTP} = sa_i L_B = \tilde{s}a_i L_B/B + a_i/\tilde{s}BC_B = \tilde{s}L_{si} + 1/\tilde{s}C_{si}$$
$$sC_{iTP} = sa_i C_B = \tilde{s}a_i C_B/B + a_i/\tilde{s}BL_B = \tilde{s}C_{pi} + 1/\tilde{s}L_{pi}$$

Durch die Frequenztransformation (169) geht also die Induktivität L_{iTP} des Tiefpasses in den Serienschwingkreis L_{si}-C_{si} und die Kapazität C_{iTP} des Tiefpasses in den Parallelschwingkreis $L_{pi} \| C_{pi}$ über. Wir erhalten also für die Dimensionierung des Bandpasses:

$$\left| \begin{array}{l} L_i = l_i L_B \;,\; l_{si} = a_i/B \;,\; l_{pi} = B/a_i \\ C_i = c_i C_B \;,\; c_{si} = B/a_i \;,\; c_{pi} = a_i/B \end{array} \right. \qquad (i=1,2,\ldots,n) \quad (174)$$

mit den Tiefpaßkoeffizienten a_i und L_B, C_B gemäß (115). Aus (174) folgt $L_i C_i = L_B C_B = 1/\omega_B^2$ und hieraus

$$\omega_B = 2\pi f_B = 1/\sqrt{L_i C_i} \qquad (175)$$

Die Serien- und Parallelschwingkreise des Bandpasses sind also auf die geometrische Bandmittenfrequenz f_B abgestimmt, d.h. sie befinden sich bei der Frequenz f_B im Resonanzzustand.

Ein durch Frequenztransformation aus dem normierten Tiefpaß gewonnener Bandpaß vom Grad n = 3 ist in Bild 69 dargestellt.

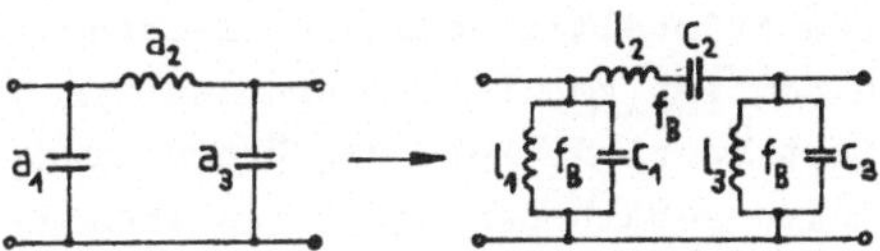

Bild 69   Tiefpaß-Bandpaß-Transformation für n=3

3.8.3 Bandsperre

Die <u>Bandsperre</u> (Sperrfilter) besitzt
einen zum Dämpfungsverlauf des Bandpasses inversen Dämpfungsverlauf
(Bild 70). Die Tiefpaß-Bandsperre-
Transformation wird daher durch die
zu Gl.(169) inverse Funktion beschrieben. (Die Bandsperre ergibt
sich auch durch Anwendung der Tiefpaß-Bandpaß-Transformation (169)
auf einen zuvor berechneten Hochpaß). Die Induktivität L_{iTP} des

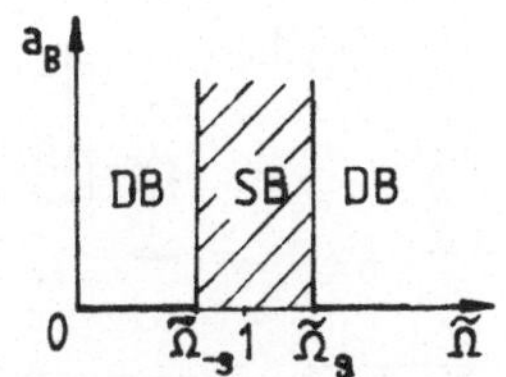

Bild 70 Idealer Däm-
pfungsverlauf
der Bandsperre

Tiefpasses geht dann in einen Parallelschwingkreis und die
Kapazität C_{iTP} des Tiefpasses in einen Serienschwingkreis
über.

3.9 Aktive RC-Filter

Die für LC-Filter erforderlichen Induktivitäten nehmen im
NF- (kHz-)Bereich wegen (118) und (115) große Werte an. Dies
ist mit den folgenden Nachteilen verbunden: Große Induktivitäten sind unhandlich und teuer. Eine Miniaturisierung von
Induktivitäten ist nicht möglich. Man kann jedoch den Ein-
satz von Induktivitäten bei tiefen und mittleren Frequenzen
umgehen, wenn man RC-Netzwerke mit hinzugeschalteten aktiven
Bauelementen verwendet. Als aktive Bauelemente werden dabei
gewöhnlich Operationsverstärker eingesetzt. Derartige Fil-
ternetzwerke werden als <u>aktive RC-Filter</u> bezeichnet. Während
die Pole der Übertragungsfunktion $\underline{H}(s)$ passiver RC-Netzwerke

nur auf der negativ reellen Achse der s-Ebene liegen (vgl.
3.1.3), treten bei <u>aktiven</u> RC-Filtern zweiten oder höheren
Grades konjugiert komplexe Pole der Übertragungsfunktion
$\underline{H}$(s) in der linken s-Halbebene auf, wie dies ja auch für
die passiven LC-Filter charakteristisch ist.

<u>Beispiel 12</u>: Ein aktiver Potenztiefpaß zweiten Grades be-
sitzt die Übertragungs-
funktion

$$\underline{H}(p) = \frac{H_o}{p^2 + \sqrt{2}\, p + 1} \qquad (176)$$

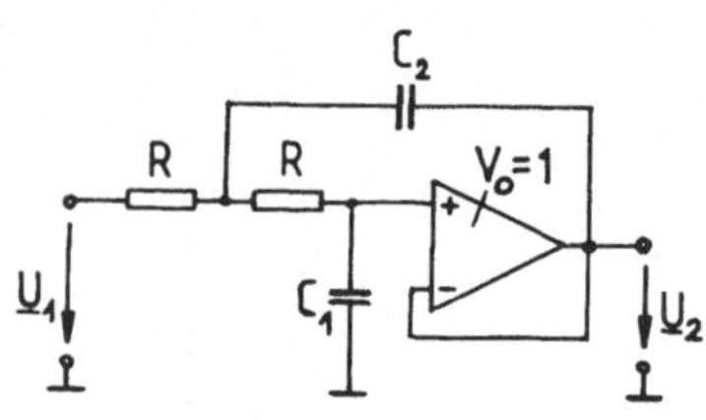

Bild 71   Aktiver RC-Tiefpaß
2.Grades

wobei H_o die Gleichspan-
nungsverstärkung des ak-
tiven Tiefpasses ist. Die
Übertragungsfunktion (176)
kann z.B. mit dem aktiven
RC-Tiefpaß Bild 71 reali-
siert werden. Der Opera-
tionsverstärker ist hierbei
als gegengekoppelter,
nichtinvertierender Eins-
verstärker (Spannungsfolger
mit der Verstärkung
$V_o = 1$) geschaltet. Die
Maschenstromanalyse liefert
(Bild 72)

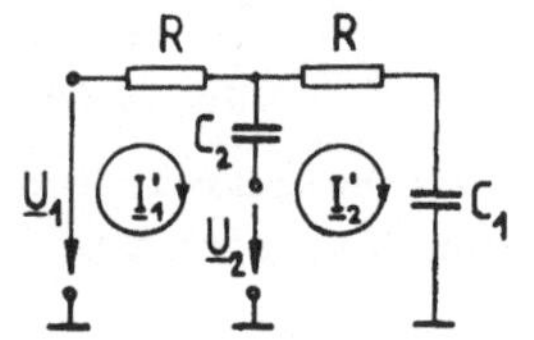

Bild 72 Maschenstromanalyse
des Netzwerks Bild 71

$$-\underline{U}_1(s) + R\underline{I}_1'(s) + \frac{1}{sC_2}\underline{I}_1'(s) - \frac{1}{sC_2}\underline{I}_2'(s) + \underline{U}_2(s) = 0$$

$$-\underline{U}_2(s) + \frac{1}{sC_2}\underline{I}_2'(s) - \frac{1}{sC_2}\underline{I}_1'(s) + R\underline{I}_2'(s) + \frac{1}{sC_1}\underline{I}_2'(s) = 0$$

Außerdem gilt wegen $V_o = 1$

$$\frac{1}{sC_1}\underline{I}_2'(s) = \underline{U}_2(s)$$

Dann ergibt sich die Übertragungsfunktion

$$\underline{H}(s) = \frac{\underline{U}_2(s)}{\underline{U}_1(s)} = \frac{1}{R^2 C_1 C_2 s^2 + 2RC_1 s + 1}$$

$\underline{H}(s)$ besitzt die beiden konjugiert komplexen Pole in der linken s-Halbebene

$$s_{x1,2} = \sigma_x + j\omega_{x1,2} = \frac{1}{RC_2}\left(-1 \pm j\sqrt{\frac{C_2}{C_1} - 1}\right)$$

Aus $\underline{H}(s)$ folgt mit $p = s/\omega_g$ $(\omega_B = \omega_g)$

$$\underline{H}(p) = \frac{1}{\omega_g^2 R^2 C_1 C_2 p^2 + 2\omega_g RC_1 p + 1}$$

Durch Koeffizientenvergleich mit (176) ergibt sich

$$H_o = 1, \quad \omega_g^2 R^2 C_1 C_2 = 1, \quad 2\omega_g RC_1 = \sqrt{2}$$

Gibt man z.B. die Widerstände R und die Grenzkreisfrequenz ω_g vor, so erhält man für die Dimensionierung der Kapazitäten:

$$C_1 = 1/\sqrt{2}\omega_g R, \quad C_2 = \sqrt{2}/\omega_g R$$

Man definiert die folgenden Kenngrößen eines aktiven RC-Filters: a) die <u>Polfrequenz</u>

$$\omega_P = |s_x| = \sqrt{\sigma_x^2 + \omega_x^2} \qquad (177)$$

b) die <u>Polgüte</u>

$$Q_P = \frac{\omega_P}{2|\sigma_x|} \qquad (178)$$

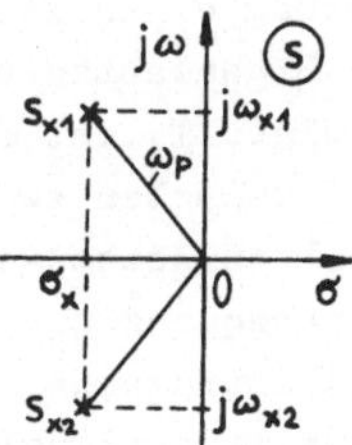

(s. Bild 73). Bei Filtern mit negativ reellen Polen gilt $Q_P \leq 0,5$, bei Filtern mit einem konjugiert komplexen Polpaar in der linken s-Halbebene $0,5 < Q_P < \infty$. Mit zunehmender Polgüte wächst die Neigung eines aktiven RC-Filters zur Instabilität.

Bild 73 Zur Definition von Polfrequenz und Polgüte

Höhergradige Übertragungsfunktionen aktiver RC-Filter werden
gewöhnlich in ein Produkt aus Funktionen ersten und/oder
zweiten Grades aufgelöst. Die Teilfunktionen werden anschließend durch Filterglieder ersten und zweiten Grades
realisiert, die dann in Kette (Kaskade) geschaltet werden
(<u>Kaskadensynthese</u>).
Die aktiven RC-Filter rauschen stärker als die passiven LC-
Filter. Außerdem besteht bei ihnen bei Frequenzen $f > 1$ MHz
Schwinggefahr wegen der dann auf kritische Werte anwachsen-
den Phasendrehung des Signals im Verstärker. Aktive RC-Filter können deshalb nur bei Frequenzen bis ca. 1 MHz eingesetzt werden. Die obere Frequenzgrenze der passiven LC-Filter liegt dagegen bei etwa 100 MHz.

3.10 Digitale Filter

Die bisher behandelten <u>analogen Filter</u> bewirken eine Filter-
ung, d.h. eine frequenzabhängige Bewertung von Amplitude und
Phase, im Falle eines <u>zeitkontinuierlichen</u> Signals. <u>Digitale
Filter</u> verarbeiten dagegen <u>zeitdiskrete</u> Signalwerte, wodurch
eine höhere Genauigkeit der Filterkurven und eine geringere
Störanfälligkeit der Filterschaltungen erreicht werden kann.
Die zeitdiskreten Signalwerte werden gewöhnlich durch Ab-
tastung eines zeitkontinuierlichen Signals gewonnen, wobei
die Signalabtastung mit der <u>Abtastfrequenz</u> $f_A = \omega_A/2\pi = 1/T_A$
erfolgt. T_A ist die <u>Abtastperiodendauer</u>, d.i. das Zeitinter-
vall zwischen zwei benachbarten, durch Nadelimpulse dargestellten Abtastwerten. Gemäß dem <u>Abtasttheorem</u> muß die Abtastfrequenz f_A mindestens doppelt so groß wie die höchste
zu übertragende Signalfrequenz f_{max} gewählt werden, wenn die
im Originalsignal enthaltene Information im Abtastsignal
noch vollständig vorhanden sein soll:

$$f_A \geq 2f_{max} \tag{179}$$

Will man die Übertragungsfunktion $\underline{H}(s)$ bzw. $\underline{H}(p)$ eines ana-
logen Filters in die Übertragungsfunktion $\widetilde{H}(z)$ (z-Transfor-
mierte von $\underline{H}(p)$) eines digitalen Filters überführen, so muß

man daher dabei beachten, daß der ausnutzbare Frequenzbereich des digitalen Filters auf $0 \leqq f \leqq f_A/2$ bzw.
$0 \leqq \Omega \leqq \Omega_A/2$ begrenzt ist. $\Omega_A = f_A/f_B$ mit der Bezugsfrequenz f_B ist die normierte Abtastfrequenz. Die analoge Übertragungsfunktion $\underline{H}(p)$ muß also beim Übergang zur digitalen
Übertragungsfunktion $\widetilde{H}(z)$ schon bis $\Omega_A/2$ nachgebildet werden, d.h. der Frequenzbereich $0 \leqq \Omega \leqq \infty$ muß in den Frequenzbereich $0 \leqq \Omega' \leqq \Omega_A/2$ übergehen. Eine Transformation,
die dies leistet, ist die <u>bilineare Transformation</u> bzw.
deren Umkehrung:

$$\left| \begin{array}{l} z = \dfrac{1 + p}{1 - p} \\[2ex] p = \dfrac{z - 1}{z + 1} = \dfrac{1 - z^{-1}}{1 + z^{-1}} \end{array} \right. \tag{180}$$

In (180) ist

$$z = e^{sT_A} = e^{p\omega_B T_A} \tag{181}$$

die komplexe Bildvariable der z-Transformation. (Der z-Bereich stellt einen bei zeitdiskreten Funktionswerten verwen-
deten komplexen Bereich dar). Die bilineare Transformation
(180) bildet die linke p-Halbebene umkehrbar eindeutig auf
das Innere des Einheitskreises in der z-Ebene ab (Bild 74,

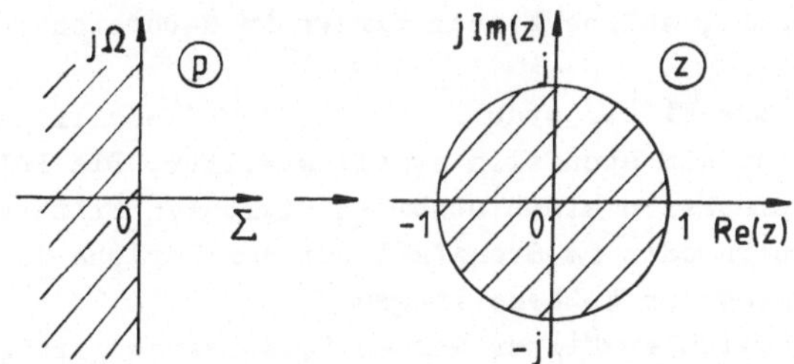

Bild 74 Abbildung der linken p-Halbebene auf das
         Innere des Einheitskreises in der z-Ebene

vgl. 4.7.1). Insbesondere geht dabei die imaginäre Achse

$p = j\Omega$ in die Peripherie des Einheitskreises der z-Ebene
über. Auf der Peripherie dieses Kreises gilt $z = e^{j\omega' T_A}$.
Gehen wir hiermit in die zweite Gl.(180) ein, so ergibt sich

$$j\Omega = \frac{e^{j\omega' T_A} - 1}{e^{j\omega' T_A} + 1} = j \, \tan \frac{\omega' T_A}{2}$$

Hieraus folgt wegen $\omega' T_A/2 = \pi f'/f_A = \pi\Omega'/\Omega_A$, $\Omega' = f'/f_B$

$$\Omega = \tan \frac{\pi\Omega'}{\Omega_A} \tag{182}$$

Die Frequenz $\Omega = \infty$ wird gemäß (182) wie verlangt in die
Frequenz $\Omega' = \Omega_A/2$ abgebildet. Bei der bilinearen Transformation (180) tritt also eine Verzerrung der Frequenzachse
$j\Omega$ ein.

Die Betragscharakteristik $|\underline{H}(j\Omega)|$ eines analogen Filters
geht bei der bilinearen Transformation in die Betragscha-
rakteristik $|\widetilde{H}(j\Omega')|$ des digitalen Filters über, wobei der
charakteristische Verlauf von $|\underline{H}(j\Omega)|$ trotz der auftreten-
den Verzerrung der $j\Omega$-Achse bewahrt bleibt. Diese Aussage
trifft jedoch auf die Frequenzverläufe der Phase und der
Gruppenlaufzeit im allgemeinen nicht zu. Z.B. geht bei der
bilinearen Transformation eines Bessel-Filters die Eigenschaft der konstanten Gruppenlaufzeit verloren. Es ist deshalb zweckmäßig, solche Filter direkt im z-Bereich zu ent-
werfen [19].

Ist das analoge Filter stabil, so liefert die bilineare
Transformation ein ebenfalls stabiles Filter. Die Pole der
Übertragungsfunktion eines stabilen digitalen Filters müssen
daher im Innern oder im Grenzfall auf der Peripherie des
Einheitskreises der z-Ebene liegen.

Zum Aufbau digitaler Filter werden Verzögerungsglieder, Ad-
dierer und Multiplizierer (Koeffizientenglieder) benötigt.
Ein Verzögerungsglied kann z.B. mit Hilfe eines Schieberegisters realisiert werden, durch das die Abtastwerte des Ein-
gangssignals mit der Abtastfrequenz f_A (= Taktfrequenz des
Schieberegisters) hindurchgeschoben werden. Im einfachsten

Fall erfolgt die Verzögerung um eine Abtastperiodendauer T_A.
Die analoge Übertragungsfunktion des Verzögerungsgliedes ist
dann wegen (157)

$$\underline{H}(s) = e^{-sT_A}$$

Setzen wir hierin z Gl.(181) ein, so erhalten wir die digitale Übertragungsfunktion des Verzögerungsgliedes

$$\widetilde{H}(z) = z^{-1} \tag{183}$$

Ein digitales Filter trifft entsprechend der vorgegebenen
Übertragungsfunktion eine bestimmte Auswahl unter den diskreten Eingangssignalwerten, indem es innerhalb einer jeden
Abtastperiodendauer T_A aus der Eingangszahlenfolge $f_1(nT_A)$
eine in bestimmter Weise gewichtete, am Ausgang erscheinende
Zahlenfolge $f_2(nT_A)$ berechnet. Es ist daher besonders vorteilhaft, das digitale Filter mit einem entsprechend pro-
grammierbaren Mikroprozessor (Signalprozessor) zu realisieren.

<u>Beispiel 13</u>: Wir gehen von einem analogen Potenztiefpaß
ersten Grades mit der Übertragungsfunktion

$$\underline{H}(p) = \frac{1}{p + 1}$$

aus (vgl. 3.5.1). Führen wir hierin die bilineare Transformation (180) durch, so erhalten wir die digitale Übertragungsfunktion

$$\widetilde{H}(z) = 0,5(1 + z^{-1})$$

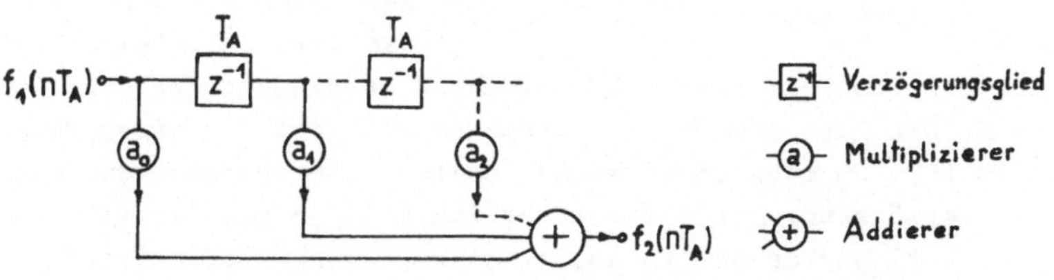

Bild 75 Nichtrekursives Digitalfilter 1.Grades

Das zugehörige digitale Filter ist in Bild 75 dargestellt
(Signalflußgraph). Man benötigt also für ein digitales Fil-
ter ersten Grades nur ein einziges Verzögerungsglied. Zur
Berechnung der Betragscharakteristik $|\tilde{H}(j\Omega)|$ des digitalen
Filters setzen wir in $\tilde{H}(z)$ für die komplexe Bildvariable

$$z = e^{j\omega T_A} = e^{j\frac{2\pi f}{f_A}} = e^{j\frac{2\pi\Omega}{\Omega_A}}$$

(Wir haben hierbei $\omega' = \omega$ bzw. $\Omega' = \Omega$ gesetzt). Dann folgt

$$\tilde{H}(j\Omega) = 0,5(1 + e^{-j\frac{2\pi\Omega}{\Omega_A}})$$
$$= 0,5(1 + \cos\frac{2\pi\Omega}{\Omega_A} - j\,\sin\frac{2\pi\Omega}{\Omega_A})$$

und hieraus

$$|\tilde{H}(j\Omega)| = 0,5\sqrt{2 + 2\cos\frac{2\pi\Omega}{\Omega_A}}$$

$|\tilde{H}(j\Omega)|$ schwankt periodisch zwischen den Werten 1
($\Omega/\Omega_A = 0,1,2,\ldots$) und 0
($\Omega/\Omega_A = 1/2,3/2,5/2,\ldots$).
Das digitale Filter be-
sitzt also im Frequenz-
bereich $0 \leqq \Omega \leqq \infty$ eine
perodische Betragscha-
rakteristik (Bild 76).
Im Frequenzbereich
$0 \leqq \Omega \leqq \Omega_A/2$ tritt eine
Tiefpaßcharakteristik
auf. Dies bedeutet, daß
bei dem digitalen Filter

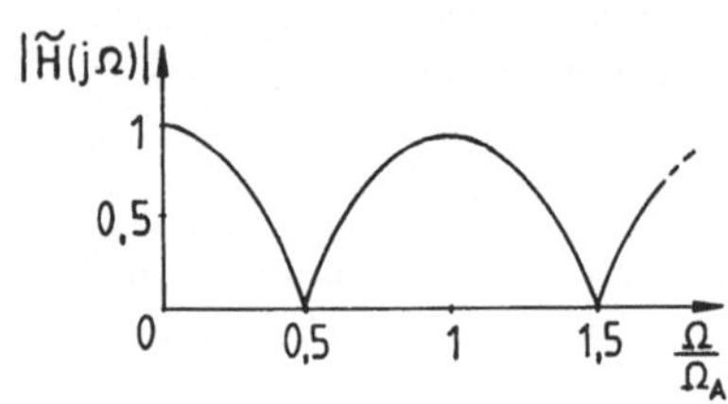

Bild 76 Periodische Betragscharakteristik des Digitalfilters

nur der Frequenzbereich $0 \leqq \Omega \leqq \Omega_A/2$ ausgenutzt werden
kann. Man kann die Betragscharakteristik des digitalen Filters Bild 76 mehr oder weniger stark beeinflussen, wenn man
die Verzögerungskette erweitert (in Bild 75 gestrichelt an-
gedeutet) und dabei die Amplitudenbewertungskoeffizienten
a_i (für das gegebene Filter gilt $a_0 = a_1 = 0,5$) geeignet
wählt.

Das digitale Filter Bild 75 stellt ein <u>nichtrekursives
Filter</u> (<u>Transversalfilter</u>) dar. Bei einem solchen Filter
wird jeder diskrete Ausgangssignalwert aus den diskreten
Eingangssignalwerten berechnet. Dagegen wird bei einem
<u>rekursiven Filter</u> jeder Ausgangssignalwert aus den Ein-
gangssignalwerten <u>und vergangenen</u> Ausgangssignalwerten
berechnet. Dies setzt voraus, daß in rekursiven Filtern
rückführende Signalpfade enthalten sind, welche die Aus-
gangssignalwerte auf den Eingang oder einen Teil des Filters zurückkoppeln. Mit rekursiven Filtern kann eine Viel-
zahl von Filtercharakteristiken vorteilhaft realisiert werden. Ein Nachteil rekursiver Filter besteht allerdings darin, daß sie nur innerhalb bestimmter Betriebsbereiche stabil arbeiten.
Digitale Filter eignen sich besonders gut zur Realisierung
von Filtern mit sehr niedrigen Grenzfrequenzen, wobei eine
entsprechend niedrige Abtastfrequenz gewählt werden kann.
Ein weiterer Vorteil digitaler Filter ist ihre sehr geringe
Empfindlichkeit gegenüber Einflüssen von Temperatur und
Bauelementetoleranzen. Dagegen bereitet die Realisierung
digitaler Filter mit hohen Grenzfrequenzen gegenwärtig noch
Schwierigkeiten, da für die Durchführung der arithmetischen
Operationen (insbesondere der Multiplikationen) im digitalen
Filter eine bestimmte Zeit benötigt wird, welche die Grenz-
frequenz des Filters bestimmt. Probleme werfen auch die
endliche Datenwortlänge und das damit verbundene Quanti-
sierungsrauschen auf.

<u>**Übungsaufgaben zu Abschn. 3**</u> (Lösungen im Anhang):

Beispiel 14: Gegeben sind die beiden RC-Schaltungen α und β, Bild 77.

a) Man berechne die Übertragungsfunktion,

b) man stelle den PN-Plan dar,

c) man zeichne die Bode-Diagramme der Verstärkung und Phase jeder Schaltung.

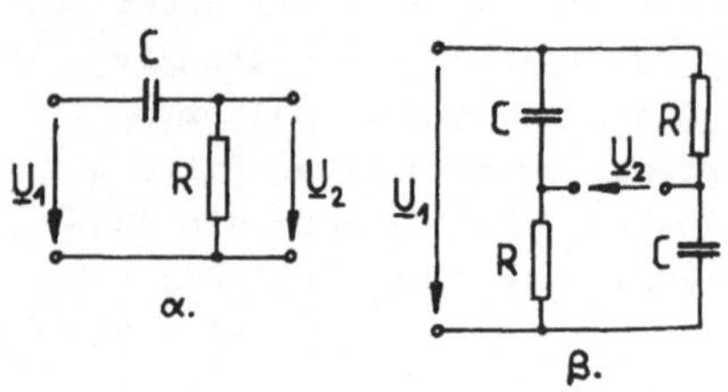

Bild 77   RC-Schaltungen

Beispiel 15: Ein Tschebyscheff-Tiefpaß soll für die Grenzfrequenz f_g = 100 kHz und den Betrieb zwischen den beiden Abschlußwiderständen R_1 = R_2 = 150 Ω entworfen werden. Der Tiefpaß soll im DB die minimale Echodämpfung a_{Emin} = 14 dB und im SB bei f_S = 193 kHz eine Sperrdämpfung von mindestens a_S = 34 dB besitzen.

a) Wie groß sind der maximale Reflexionsfaktor und die maximale Betriebsdämpfung im DB ?

b) Man ermittle den Grad des Tiefpasses, normiere die Tiefpaßschaltung (Schaltskizze) und berechne die Werte der Schaltelemente des Tiefpasses. Die bei der Gradwahl sich ergebende Dämpfungsreserve soll dem SB zugute kommen.

Anleitung: Man verwende die spulensparende Schaltung.

Beispiel 16: Ein Cauer-Tiefpaß soll für die Grenzfrequenz f_g = 10 MHz und den Betrieb zwischen den beiden Abschlußwiderständen R_1 = R_2 = 50 Ω entworfen werden. Der Tiefpaß soll im DB den maximalen Reflexionsfaktor ϱ_{max} = 20 % und im SB f_S = 15 MHz $\leqq f \leqq \infty$ eine Sperrdämpfung von mindestens a_S = 45 dB im Tschebyscheffschen Sinn einhalten.

a) Wie groß sind die maximale Betriebsdämpfung und die minimale Echodämpfung im DB ?

b) Man ermittle den Grad des Tiefpasses, normiere die Tiefpaßschaltung (Schaltskizze) und berechne die Werte der
   Schaltelemente des Tiefpasses. Man gebe die Lage der Pol-
   frequenzen an. Die bei der Gradwahl sich ergebende Dämpfungsreserve soll dem SB zugute kommen.
Anleitung: Man verwende die spulensparende Schaltung.

Beispiel 17: Ein Tschebyscheff-Bandpaß soll für die Grenzfrequenzen f_{-g} = 3,9752 MHz und f_g = 4,025 MHz und den Betrieb zwischen den beiden Abschlußwiderständen R_1 = R_2= 75 Ω
entworfen werden. Der Bandpaß soll im DB die minimale Echodämpfung a_{Emin} = 14 dB und im SB bei den Frequenzen f_{-S} und
f_S = 4,078 MHz eine Sperrdämpfung von mindestens a_S = 26 dB
besitzen.
Man ermittle den Grad des Bandpasses, normiere die Bandpaß-
schaltung (Schaltskizze) und berechne die Werte der Schaltelemente des Bandpasses. Die bei der Gradwahl sich ergebende
Dämpfungsreserve soll dem SB zugute kommen.

4. Leitungen

4.1 Leitungsbeläge und Ersatzschaltbild des Leitungselements

4.1.1 Ausführungsformen von Leitungen. Leitungsbeläge

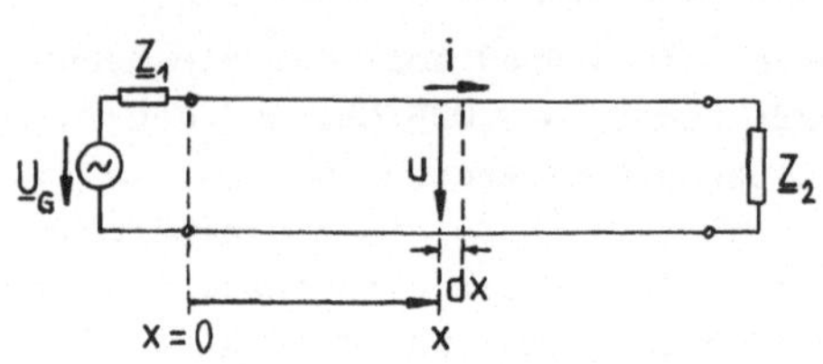

Bild 78 Leitung mit Generator und Last

Eine Leitung wird an einem Ende von einem Generator mit der Quellenspannung $\underline{U}_G$ und dem Innenwiderstand $\underline{Z}_1$ erregt und am anderen Ende mit einem Lastwiderstand (Verbraucher) $\underline{Z}_2$ abgeschlossen (Bild 78). Wir betrachten im folgenden Leitungen, auf denen sich elektromagnetische Wellen ausbreiten, deren Wellenlängen λ mit der Leitungslänge vergleichbar sind, das sind <u>nachrichtentechnische Leitungen</u>. (Bei einer energietechnischen Leitung ist dagegen die Betriebswellenlänge λ groß gegen die Leitungslänge). Die Momentanwerte $u = u(x,t)$ und $i = i(x,t)$ von Spannung und Strom auf einer solchen Leitung hängen außer von der Zeit t noch von der Ortskoordinate x ab (Bild 78). Die zugehörigen Effektivwerte (bzw. Amplituden) $U = U(x)$ und $I = I(x)$ sind dann ortsabhängig (vgl. 4.4.2).

Gebräuchliche Ausführungsformen von Leitungen sind im Querschnitt in Bild 79 dargestellt. Die symmetrische <u>Paralleldrahtleitung</u> besteht aus zwei geraden, parallelen Drähten in Luft oder Kunst-

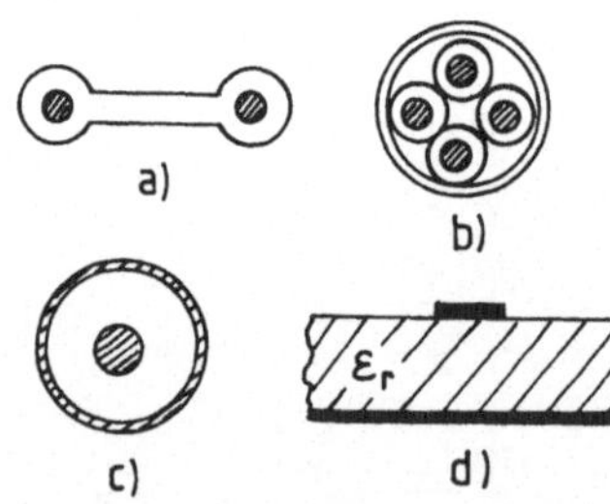

Bild 79 Leitungsquerschnitte
    a) Paralleldrahtleitung,
    b) Sternvierer,
    c) Koaxialleitung,
    d) Mikrostreifenleitung

stoff zur Hin- und Rückleitung des Stromes (Bild 79 a).
Eine Paralleldrahtleitung ist z.B. die Freileitung. Der ver-
seilte Sternvierer besteht aus zwei gekreuzten Paralleldrahtleitungen und wird in vieladrigen Fernsprechkabeln verwendet (Bild 79 b). Bei Frequenzen $f \gtrless 100$ kHz wird fast
ausschließlich die unsymmetrische Koaxialleitung benutzt
(Bild 79 c). Sie besteht aus einem Innenleiter und einem
koaxialen, rohrförmigen Außenleiter mit dazwischenliegendem
Dielektrikum. Der Außenleiter dient zur Abschirmung der
Eigen- und Fremdfelder und ist gewöhnlich geerdet. Die Koaxialleitung wird vor allem für breitbandige Nachrichten-
übertragungen, z.B. von Fernsehsignalen, eingesetzt. Bei
Frequenzen $f > 1$ GHz steigt die Dämpfung der Koaxialleitungen stark an, sodaß sie in diesem Frequenzbereich für die
Nachrichtenübertragung nicht mehr geeignet sind. Im Bereich
sehr hoher Frequenzen $f \approx 0,5 \dots 20$ GHz werden Streifenleitungen benutzt. Die praktisch wichtige Mikrostreifenleitung
(Mikrostrip-Leitung) besteht aus einem dünnen Metallstrei-
fen, der durch eine dielektrische Schicht (z.B. Aluminium-
oxid) von einem breiten Metallbelag getrennt ist (Bild 79d).
Mikrostreifenleitungen werden vor allem in integrierten
Mikrowellenschaltungen eingesetzt, in denen sie zur Realisierung von Anpassungsgliedern, Filtern, Richtkopplern u.a.
dienen.
Die Eigenschaften einer Leitung sind durch Kenngrößen bestimmt, die man auf die Längeneinheit (gewöhnlich 1 km) be-
zieht. Besitzt ein kurzer (endlicher) Leitungsabschnitt
(Hin- und Rückleiterabschnitt) der Länge Δx den Längswirk-
widerstand ΔR, den Querwirkleitwert (die "Ableitung") ΔG,
die Längsinduktivität ΔL und die Querkapazität ΔC, so werden
die folgenden Kenngrößen der Leitung definiert:

$$
\begin{aligned}
\text{Widerstandsbelag} \quad & R' = \Delta R/\Delta x \\
\text{Ableitungsbelag} \quad & G' = \Delta G/\Delta x \\
\text{Induktivitätsbelag} \quad & L' = \Delta L/\Delta x \\
\text{Kapazitätsbelag} \quad & C' = \Delta C/\Delta x
\end{aligned}
\tag{184}
$$

Eine Leitung wird als <u>homogen</u> bezeichnet, wenn die Beläge
R', G', L' und C' auf der ganzen Leitungslänge konstant
sind. (Sie sind jedoch bezüglich der Frequenz nicht konstant). Im folgenden werden nur homogene Leitungen betrachtet.

Der Widerstandsbelag R' ist bei Gleichstrom und bei tiefen
Frequenzen z.B. für eine Paralleldrahtleitung durch $2\varrho/A$ gegeben, wenn ϱ der spezifische Widerstand und A der Querschnitt eines Leiters sind. Für Frequenzen $f \gtrsim 4$ kHz wächst
infolge des Skineffektes $R' \sim \sqrt{f}$ an.

Der Ableitungsbelag G' gibt den Isolationsleitwert zwischen
den beiden Leitern der Leitung an und ist bei Gleichstrom
praktisch Null. G' nimmt mit wachsender Frequenz infolge
auftretender dielektrischer Verluste zu, und zwar in einem
weiten Frequenzbereich $\sim f$, bei sehr hohen Frequenzen dagegen
noch stärker.

Eine Paralleldrahtleitung mit dem Drahtabstand a und dem
Drahtdurchmesser d (Bild 80,
$\vec{E}$ elektrische, $\vec{H}$ magnetische Feld-
linien) besitzt unter der Voraus-
setzung $a/d > 2,5$ den Induktivi-
täts- und Kapazitätsbelag

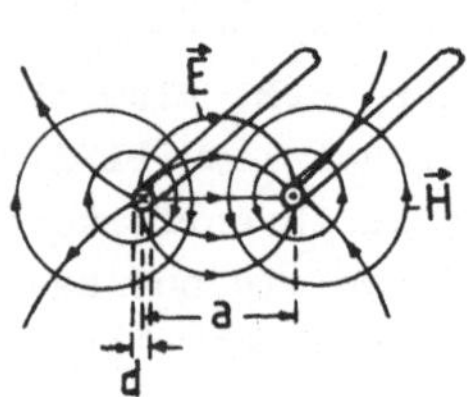

Bild 80 Elektromagneti-
sches Feld der
Paralleldraht-
leitung

$$L' = \frac{\mu_0\mu_r}{\pi} \ln \frac{2a}{d}$$

$$C' = \frac{\pi\varepsilon_0\varepsilon_r}{\ln 2a/d} \qquad (185)$$

Die beiden Drähte sind hierbei in
ein Dielektrikum mit der Permeabi-
litätszahl $\mu_r \gtrsim 1$ und der Permit-
tivitätszahl $\varepsilon_r \gtrsim 1$ eingebettet. Bei den gewöhnlich verwen-
deten verlustarmen Dielektrika gilt $\mu_r = 1$, und ε_r ist bis
zu sehr hohen Frequenzen (GHz-Bereich) konstant.

Für eine Koaxialleitung mit dem Innenleiterdurchmesser d
und dem Innendurchmesser D des Außenleiters (Bild 81) gilt

$$L' = \frac{\mu_o \mu_r}{2\pi} \ln \frac{D}{d}$$

$$C' = \frac{2\pi \varepsilon_o \varepsilon_r}{\ln D/d}$$
(186)

In den Beziehungen (185) und (186) gilt für die elektrische und magnetische Feldkonstante:

$$\varepsilon_o = 8,854 \cdot 10^{-12} \text{ F/m}$$

$$\mu_o = 4\pi \cdot 10^{-7} \text{ H/m}$$

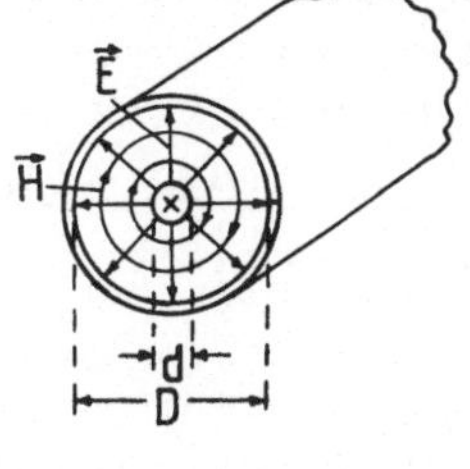

Bild 81 Elektromagnetisches Feld der Koaxialleitung

4.1.2 Ersatzschaltbild des Leitungselements

Man kann sich eine Leitung in unendlich viele, unendlich kurze Leitungsstücke zerlegt denken. Das (übertragungssymmetrische) Ersatzschaltbild eines solchen differentiellen Leitungselements der Länge dx ist in Bild 82 dargestellt. Während der Wirkwiderstand, der Wirkleitwert, die Induktivität und die Kapazität der Leitung in Wirklichkeit über die ganze Leitungslänge gleichmäßig verteilt sind, enthält das Ersatzschaltbild des Leitungselements diese Komponenten als konzentrierte Bauelemente. Das Leitungselement bzw. die homogene Leitung besitzt den Impedanzbelag

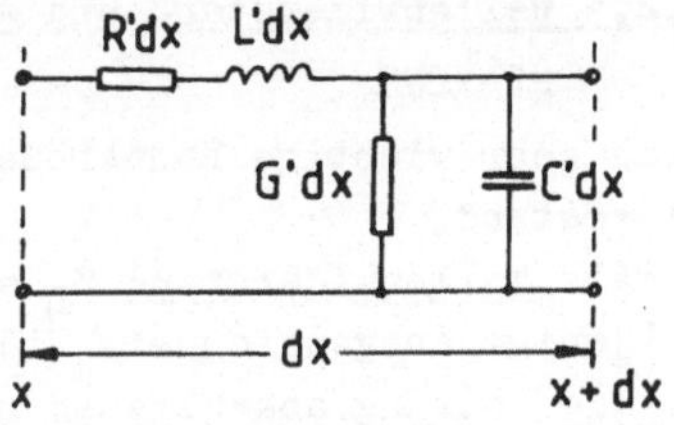

Bild 82 Ersatzschaltbild des Leitungselements

$$\underline{Z}' = \frac{d\underline{Z}}{dx} = \frac{dR + j\omega dL}{dx} = R' + j\omega L'$$
(187)

und den Admittanzbelag

$$\underline{Y}' = \frac{d\underline{Y}}{dx} = \frac{dG + j\omega dC}{dx} = G' + j\omega C'$$
(188)

Die Kettenmatrix des Leitungselements ist wegen (43) und (45)

$$(\underline{A}) = (\underline{A}_1)(\underline{A}_2) = \begin{pmatrix} 1 & \underline{Z}'dx \\ 0 & 1 \end{pmatrix}\begin{pmatrix} 1 & 0 \\ \underline{Y}'dx & 1 \end{pmatrix}$$

$$= \begin{pmatrix} 1 + \underline{Z}'\underline{Y}'(dx)^2 & \underline{Z}'dx \\ \underline{Y}'dx & 1 \end{pmatrix}$$

Vernachlässigen wir hierin das Glied zweiter Ordnung, so erhalten wir mit (187) und (188)

$$(\underline{A}) = \begin{pmatrix} 1 & \underline{Z}'dx \\ \underline{Y}'dx & 1 \end{pmatrix} = \begin{pmatrix} 1 & (R' + j\omega L')dx \\ (G' + j\omega C')dx & 1 \end{pmatrix} \qquad (189)$$

4.2 Übertragungsgrößen und Leitungsgleichungen

4.2.1 Wellenwiderstand und Ausbreitungskoeffizient der Leitung

Eine sehr wichtige Kenngröße einer Leitung ist ihr Wellenwiderstand.

Als <u>Wellenwiderstand</u> $\underline{Z}_L$ einer homogenen Leitung wird derjenige ausgezeichnete Widerstand bezeichnet, mit dem man die Leitung abschließen muß, damit der gleiche Widerstand als der Eingangswiderstand der Leitung erscheint:

$$\underline{Z}_{e1} = \underline{Z}_L \quad \text{für} \quad \underline{Z}_2 = \underline{Z}_L \qquad (190)$$

Die homogene Leitung stellt ein widerstandssymmetrisches Zweitor dar, d.h. für sie gilt $\underline{A}_{11} = \underline{A}_{22}$. Aus der Definition (190) folgt dann wegen (59)

$$\underline{Z}_{e1} = \frac{\underline{A}_{11}\underline{Z}_L + \underline{A}_{12}}{\underline{A}_{21}\underline{Z}_L + \underline{A}_{11}} = \underline{Z}_L$$

und hieraus

$$\underline{Z}_L = \sqrt{\frac{\underline{A}_{12}}{\underline{A}_{21}}} \qquad (191)$$

Aus (191) folgt wegen (189) für den Wellenwiderstand der homogenen Leitung

$$\underline{Z}_L = \sqrt{\frac{R' + j\omega L'}{G' + j\omega C'}} \qquad (192)$$

Wird die Leitung beidseitig mit ihrem Wellenwiderstand $\underline{Z}_L$ abgeschlossen, gilt also $\underline{Z}_1 = \underline{Z}_2 = \underline{Z}_L$, so wird in diesem speziellen Fall das Betriebsdämpfungsmaß $\underline{g}_B$ als das Wellendämpfungsmaß $\underline{g}_W$ bezeichnet. Aus (70) und (78) folgt dann

$$e^{\underline{g}_W} = \frac{1}{2}(2\underline{A}_{11} + \frac{\underline{A}_{12}}{\underline{Z}_L} + \underline{A}_{21}\underline{Z}_L)$$

und hieraus wegen (191)

$$e^{\underline{g}_W} = \underline{A}_{11} + \sqrt{\underline{A}_{12}\underline{A}_{21}} \qquad (193)$$

Gehen wir mit (189) in (193) ein, so erhalten wir

$$e^{\underline{g}_W} = 1 + \sqrt{(R' + j\omega L')(G' + j\omega C')}\,dx \qquad (194)$$

Setzen wir $\underline{g}_W = \gamma\,dx$ und entwickeln $e^{\gamma dx}$ in eine Reihe, so folgt in erster Näherung

$$e^{\gamma dx} = 1 + \gamma\,dx$$

Durch Vergleich mit (194) ergibt sich der Ausbreitungskoeffizient der Leitung

$$\gamma = \sqrt{(R' + j\omega L')(G' + j\omega C')} \qquad (195)$$

Man setzt

$$\gamma = \alpha + j\beta \qquad (196)$$

Der Realteil α von γ wird als der Dämpfungskoeffizient (Dämpfungsbelag) und der Imaginärteil β als der Phasenkoeffizient (Phasenbelag) der Leitung bezeichnet.

4.2.2 Leitungsgleichungen

Für die homogene Leitung gilt wegen ihrer Widerstands- und Übertragungssymmetrie: $\underline{A}_{11} = \underline{A}_{22}$, $\Delta\underline{A} = \underline{A}_{11}^2 - \underline{A}_{12}\underline{A}_{21} = 1$. Wir erhalten aus (193) durch einfache Umformung, wenn wir dabei $\underline{A}_{12}\underline{A}_{21} = \underline{A}_{11}^2 - 1$ berücksichtigen

$$\frac{e^{\underline{g}_w} + e^{-\underline{g}_w}}{2} = \underline{A}_{11} \quad , \quad \frac{e^{\underline{g}_w} - e^{-\underline{g}_w}}{2} = \underline{A}_{12}\underline{A}_{21}$$

oder wegen der Definitionsgleichungen der Hyperbelfunktionen

$$\cosh \underline{g}_w = \underline{A}_{11} = \underline{A}_{22} \quad , \quad \sinh \underline{g}_w = \underline{A}_{12}\underline{A}_{21} \qquad (197)$$

Aus der zweiten Gl.(197) folgt wegen (191)

$$\underline{Z}_L \sinh \underline{g}_w = \underline{A}_{12} \quad , \quad \frac{1}{\underline{Z}_L}\sinh \underline{g}_w = \underline{A}_{21} \qquad (198)$$

Gewöhnlich ist der Lastwiderstand $\underline{Z}_2$ einer Leitung detailliert gegeben oder gesucht und nicht der Generator. Es ist daher zweckmäßig, die Vorgänge auf der Leitung vom Ort des

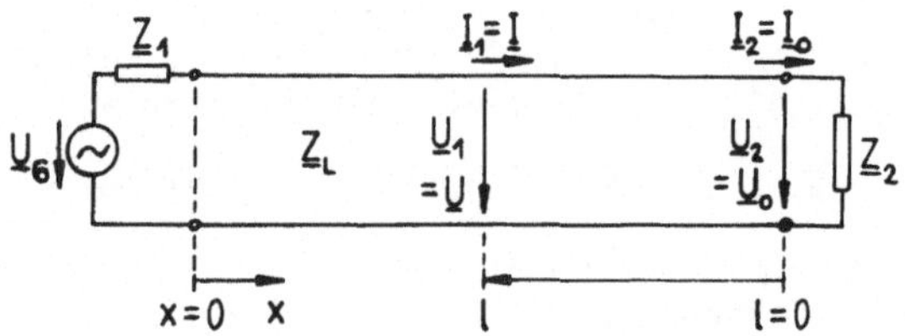

Bild 83   Spannungen und Ströme auf einer Leitung

Lastwiderstandes aus in Richtung zum Generator zu betrachten. Wir führen deshalb anstelle der Ortskoordinate x die neue Ortskoordinate l = -x ein und beginnen mit der Zählung l = 0 am Ort des Lastwiderstandes $\underline{Z}_2$ (Bild 83). Wir setzen speziell:

$$\underline{U}_2 = \underline{U}_0, \ \underline{I}_2 = \underline{I}_0 \quad \text{am Leitungsende } l = 0,$$
$$\underline{U}_1 = \underline{U} \ , \ \underline{I}_1 = \underline{I} \quad \text{an einem Leitungsort } l > 0.$$

Wir können dann für das Wellendämpfungsmaß der Leitung schreiben:

$$\underline{g}_w = \gamma l \qquad (199)$$

Die Kettenmatrix der Leitung lautet wegen (197), (198) und (199)

$$(\underline{A}) = \begin{pmatrix} \cosh \gamma l & \underline{Z}_L \sinh \gamma l \\ \frac{1}{\underline{Z}_L}\sinh \gamma l & \cosh \gamma l \end{pmatrix} \qquad (200)$$

Für die homogene Leitung gelten also die Zweitorgleichungen

$$\left|\begin{array}{l} \underline{U} = \underline{U}_o \cosh \gamma l + \underline{I}_o \underline{Z}_L \sinh \gamma l \\[2mm] \underline{I} = \dfrac{\underline{U}_o}{\underline{Z}_L} \sinh \gamma l + \underline{I}_o \cosh \gamma l \end{array}\right. \qquad (201)$$

Die Beziehungen (201) werden als die **Leitungsgleichungen** bezeichnet. Der Schreibweise der Gln.(201) ist das Kettenzählpfeilsystem (2.1.1) zugrundegelegt.

4.3 Verlustbehaftete Leitung

4.3.1 RC-Leitung

Im Frequenzbereich $f \approx 1$ Hz ... 1 kHz gilt für die symmetrischen Kabel $R' \gg \omega L'$ (starke Dämpfung) und $G' \ll \omega C'$. Dann folgt aus (195) und (192)

$$\gamma = \sqrt{j\omega R'C'} = e^{j45^\circ}\sqrt{\omega R'C'} \qquad (202)$$

$$\underline{Z}_L = \sqrt{\frac{R'}{j\omega C'}} = \sqrt{\frac{R'}{\omega C'}}\, e^{-j45^\circ} \qquad (203)$$

Der Wellenwiderstand ist dann also kapazitiv. Wir können (202) und (203) gemäß der Eulerschen Formel auch schreiben

$$\gamma = (1 + j)\sqrt{\frac{\omega R'C'}{2}}$$

$$\underline{Z}_L = (1 - j)\sqrt{\frac{R'}{2\omega C'}}$$

Wegen (196) folgt

$$\left| \alpha = \beta = \sqrt{\frac{\omega R'C'}{2}} \right. \qquad (204)$$

4.3.2 Verlustarme Leitung

Für Frequenzen $f > 1$ kHz gilt oberhalb eines Übergangsfrequenzbereiches für Koaxialkabel, symmetrische Kabel und Freileitungen $R' \ll \omega L'$ (schwache Dämpfung) und $G' \ll \omega C'$. Wir schreiben den Ausbreitungskoeffizienten (195) in der Form

$$\gamma = j\omega\sqrt{L'C'}\,\sqrt{(1 - jR'/\omega L')(1 - jG'/\omega C')}$$

Vernachlässigen wir das Glied zweiter Ordnung, so ergibt sich

$$\gamma = j\omega\sqrt{L'C'}\sqrt{1 - j(\frac{R'}{\omega L'} + \frac{G'}{\omega C'})}$$

Hieraus folgt durch Reihenentwicklung in erster Näherung

$$\gamma = j\omega\sqrt{L'C'}\left[1 - j\frac{1}{2}(\frac{R'}{\omega L'} + \frac{G'}{\omega C'})\right]$$

$$= j\omega\sqrt{L'C'} + \frac{R'}{2}\sqrt{\frac{C'}{L'}} + \frac{G'}{2}\sqrt{\frac{L'}{C'}}$$

Wir erhalten durch Vergleich mit (196)

$$\alpha = \alpha_R + \alpha_G = \frac{R'}{2}\sqrt{\frac{C'}{L'}} + \frac{G'}{2}\sqrt{\frac{L'}{C'}} \tag{205}$$

$$\beta = \omega\sqrt{L'C'} \tag{206}$$

In (205) sind α_R die <u>Widerstandsdämpfung</u> (Längsdämpfung im Widerstandsbelag R') und α_G die <u>Ableitungsdämpfung</u> (Querdämpfung im Ableitungsbelag G' infolge der Wirkverluste im Dielektrikum). Eine Leitung, für die α = const und $\beta \sim \omega$ gilt, wird als <u>verzerrungsfrei</u> bezeichnet (vgl. 2.6.3). Die verlustarme Leitung ist also wegen (205) und (206) verzerrungsfrei, d.h. ein auf die verlustarme Leitung eingespeistes Signal gelangt in originalgetreuer Form an das Leitungsende. Die frequenzabhängigen Verläufe des Dämpfungskoeffizienten

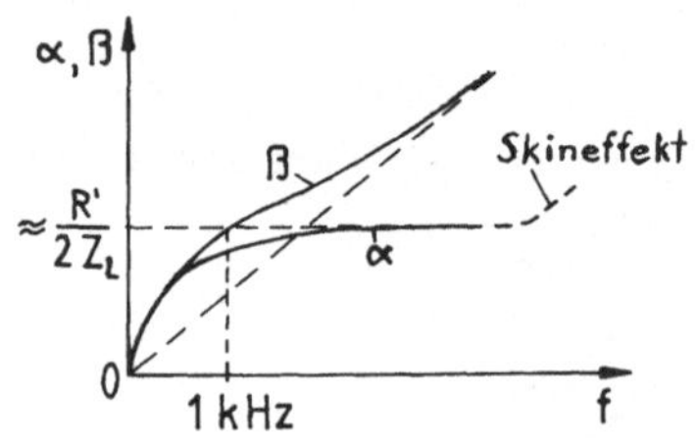

Bild 84   Frequenzabhängigkeit von α und β

α und des Phasenkoeffizienten β einer Leitung sind in Bild 84 dargestellt.

Für den Leitungswellenwiderstand (192)

$$\underline{Z}_L = \sqrt{\frac{L'}{C'}\frac{1 - jR'/\omega L'}{1 - jG'/\omega C'}}$$

folgt näherungsweise bei geringen Verlusten und hohen Frequenzen $(f \gtrsim 10\ \text{kHz})$

$$\left| \underline{Z}_L \approx \sqrt{\frac{L'}{C'}} \right. \tag{207}$$

Der Wellenwiderstand der verlustarmen Leitung ist also näherungsweise reell.

Für die symmetrischen NF-Kabel gilt $\alpha_R \gg \alpha_G$, also wegen (205)

$$\alpha \approx \alpha_R = \frac{R'}{2}\sqrt{\frac{C'}{L'}} \tag{208}$$

Man verringert in diesem Fall die Dämpfung durch Vergrößern des Induktivitätsbelages L',
und zwar schaltet man gewöhn-
lich Spulen (mit ferromagnetischen Ringkernen, 5...200
mH) in regelmäßigen Abständen
l_s (1,7...2 km) in die Leitung ein (M. P u p i n , 1900,
Bild 85). Durch die "Pupini-
sierung" der Leitung wird al-

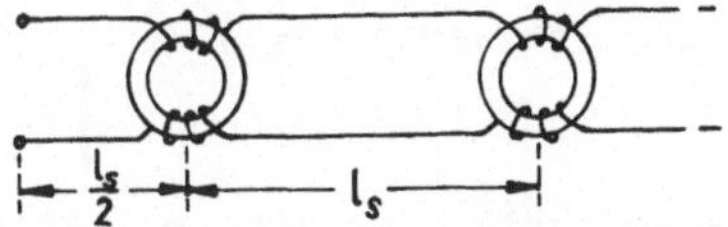

Bild 85 Leitung mit
Pupin-Spulen

lerdings das Übertragungsfrequenzband nach höheren Frequenzen hin beschnitten (d.h. die Leitung wirkt als Tiefpaß),
sodaß die pupinisierte Leitung nur im NF-Bereich (für das
gewöhnliche Telefonieband 300...3400 Hz) eingesetzt werden
kann. Eine andere, mehr Aufwand erfordernde Methode zur Her-
absetzung der Leitungsdämpfung (auch bei hohen Frequenzen)
besteht darin, daß man den Leiter (Kupferdraht) mit einem
dünnen ferromagnetischen Draht oder Band umwickelt (K. E.
K r a r u p, 1902).

4.4 Verlustlose Leitung. Leitungswellen

4.4.1 Eigenschaften und Gleichungen der verlustlosen Leitung

Die Verluste einer verlustarmen Leitung können in vielen
praktisch vorkommenden Fällen vernachlässigt werden, insbesondere bei einer kurzen verlustarmen Hochfrequenzleitung,
wie sie z.B. im Laboratorium verwendet wird. Für die

<u>verlustlose Leitung</u> gilt R' = G' = 0. Ihr Ausbreitungskoeffizient ist daher wegen (195)

$$\gamma = j\omega\sqrt{L'C'} \tag{209}$$

Aus (209) folgt wegen (196)

$$\alpha = 0 \, , \quad \gamma = j\beta \text{ mit } \beta = \omega\sqrt{L'C'} \tag{210}$$

Auf der verlustlosen Leitung findet also keine Dämpfung, sondern nur eine Phasendrehung statt, und zwar wird die Spannungs- (bzw. Strom-)Phase um den Winkel $\beta = \omega\sqrt{L'C'}$ pro Längeneinheit gedreht. Die verlustlose Leitung ist also <u>verzerrungsfrei</u>. Der Wellenwiderstand der verlustlosen Leitung ist wegen (192)

$$Z_L = \sqrt{\frac{L'}{C'}} \tag{211}$$

also reell. Für die verlustlose Paralleldrahtleitung folgt aus (211) für $\mu_r = 1$ wegen (185) und $\sqrt{\mu_0/\varepsilon_0} \approx 120\pi\,\Omega$

$$Z_L/\Omega \approx \frac{120}{\sqrt{\varepsilon_r}} \ln \frac{2a}{d} \tag{212}$$

Paralleldrahtleitungen besitzen gewöhnlich Z_L-Werte von 10...1000 Ω, z.B. häufig 600 Ω. Für die verlustlose Koaxialleitung folgt aus (211) für $\mu_r = 1$ wegen (186) und $\sqrt{\mu_0/\varepsilon_0} \approx 120\pi\,\Omega$

$$Z_L/\Omega \approx \frac{60}{\sqrt{\varepsilon_r}} \ln \frac{D}{d} \tag{213}$$

Koaxialleitungen besitzen gewöhnlich Z_L-Werte von 50...150 Ω. Dabei werden besonders häufig verwendet:
$Z_L = 50\,\Omega$ oder seltener 60 Ω : gute Spannungsfestigkeit, geringe Erwärmung, in der HF-Technik bevorzugt benutzt,
$Z_L = 75\,\Omega$: kleines α, z.B. für Fernsehübertragung,
$Z_L = 150\,\Omega$: kleines C'.
Für die verlustlose Leitung ergeben sich aus den Gln.(201) wegen (210) die <u>Leitungsgleichungen</u>

$$\begin{aligned} \underline{U} &= \underline{U}_0 \cos \beta l + j\underline{I}_0 Z_L \sin \beta l \\[2mm] \underline{I} &= j\frac{\underline{U}_0}{Z_L} \sin \beta l + \underline{I}_0 \cos \beta l \end{aligned} \tag{214}$$

Ist die verlustlose Leitung mit dem komplexen Widerstand

$$\underline{Z}_2 = \frac{\underline{U}_o}{\underline{I}_o} = R_2 + jX_2 \tag{215}$$

abgeschlossen, so können wir die Leitungsgleichungen (214)
auch schreiben

$$\underline{U} = \underline{U}_o(\cos \beta l + j\frac{\underline{Z}_L}{\underline{Z}_2} \sin \beta l)$$

$$\underline{I} = \underline{I}_o(\cos \beta l + j\frac{\underline{Z}_2}{\underline{Z}_L} \sin \beta l) \tag{216}$$

Der Eingangswiderstand der verlustlosen Leitung im Abstand l
vor dem Lastwiderstand $\underline{Z}_2$ ist wegen (216)

$$\underline{Z}_{e1} = \frac{\underline{U}}{\underline{I}} = \frac{\underline{Z}_2\cos \beta l + j\underline{Z}_L\sin \beta l}{\cos \beta l + j\frac{\underline{Z}_2}{\underline{Z}_L} \sin \beta l}$$

oder

$$\underline{Z}_{e1} = \frac{\underline{Z}_2 + j\underline{Z}_L \tan \beta l}{1 + j\frac{\underline{Z}_2}{\underline{Z}_L} \tan \beta l} \tag{217}$$

Gl.(217) beschreibt die <u>Impedanztransformation</u> des Lastwiderstandes $\underline{Z}_2$ auf den Eingang der Leitung.

4.4.2 Wellenausbreitung auf der verlustlosen Leitung

Aus den Leitungsgleichungen (214) folgt für Spannung und
Strom an einer Stelle l auf der Leitung vor dem Lastwiderstand $\underline{Z}_2$ (l = 0), wenn wir die Beziehungen

$$\cos \beta l = \frac{e^{j\beta l} + e^{-j\beta l}}{2} \quad , \quad \sin \beta l = \frac{e^{j\beta l} - e^{-j\beta l}}{2j}$$

verwenden:

$$\underline{U} = \frac{1}{2}(\underline{U}_o + Z_L\underline{I}_o)e^{j\beta l} + \frac{1}{2}(\underline{U}_o - Z_L\underline{I}_o)e^{-j\beta l}$$

$$\underline{I} = \frac{1}{2}(\frac{\underline{U}_o}{Z_L} + \underline{I}_o)e^{j\beta l} - \frac{1}{2}(\frac{\underline{U}_o}{Z_L} - \underline{I}_o)e^{-j\beta l} \tag{218}$$

Führen wir in der Spannungsgleichung (218) die Größen

$$\underline{U}_h = \tfrac{1}{2}(\underline{U}_o + Z_L\underline{I}_o)$$
$$\underline{U}_r = \tfrac{1}{2}(\underline{U}_o - Z_L\underline{I}_o) \qquad (219)$$

ein, so erhalten wir

$$\underline{U} = \underline{U}_h e^{j\beta l} + \underline{U}_r e^{-j\beta l} \qquad (220)$$

Der komplexe Momentanwert $\underline{u} = \underline{u}(l,t)$ der Spannung an einem
Ort l auf der Leitung zum Zeitpunkt t ist bei harmonischer
Erregung mit der Kreisfrequenz $\omega = 2\pi f$, f Frequenz, wegen
(220)

$$\begin{aligned}
\underline{u} &= \underline{\hat{U}}e^{j\omega t} = \sqrt{2}\,\underline{U}e^{j\omega t}\\
&= \sqrt{2}\,\underline{U}_h e^{j(\omega t + \beta l)} + \sqrt{2}\,\underline{U}_r e^{j(\omega t - \beta l)} \qquad (221)\\
&= \underline{u}_h + \underline{u}_r
\end{aligned}$$

Wir betrachten den ersten Term rechts in (221)

$$\underline{u}_h = \underline{\hat{U}}_h e^{j(\omega t + \beta l)} \qquad (222)$$

mit der komplexen Amplitude $\underline{\hat{U}}_h = \hat{U}_h e^{j\varphi_{ho}}$, φ_{ho} Nullphasenwinkel. Der physikalische Momentanwert u_h der Spannung ist der
Realteil von $\underline{u}_h$:

$$u_h = \mathrm{Re}(\underline{u}_h) = \hat{U}_h \cos(\omega t + \beta l + \varphi_{ho}) \qquad (223)$$

Für eine bestimmte Phase, d.h. für konstantes l und t, gilt
für das Argument der Cosinusfunktion (223)

$$\omega t + \beta l + \varphi_{ho} = C_1$$

also

$$l = -\frac{\omega}{\beta} t + C_2$$

wobei C_1 und C_2 Konstanten sind. Bei wachsendem t nimmt also
l ab. Eine Ebene l = const senkrecht zur l-Achse, d.i. eine
ebene "Wellenfront", schreitet daher im Verlauf der Zeit t
auf der Leitung in Richtung der negativen l-Achse fort. Der
Term $\underline{u}_h$ Gl.(222) beschreibt folglich eine vom Generator kom-
mende, am Lastwiderstand <u>einfallende (hinlaufende), ebene
elektromagnetische Welle</u> auf der Leitung. Die Leitungswelle

wird auch als eine <u>TEM-Welle</u> (= Transversal elektromagnetische Welle) bezeichnet, weil der elektrische und der magnetische Feldvektor der Welle
senkrecht zur Ausbreitungs-
richtung der Welle gerich-
tet sind. Die Leitung dient
lediglich zur Führung der
elektromagnetischen Welle,
die sich in dem dielektri-
schen Raum zwischen den
beiden Leitern der Leitung
ausbreitet. Ein Momentan-
bild der einfallenden Leitungswelle ist in Bild 86
dargestellt. Auf die glei-

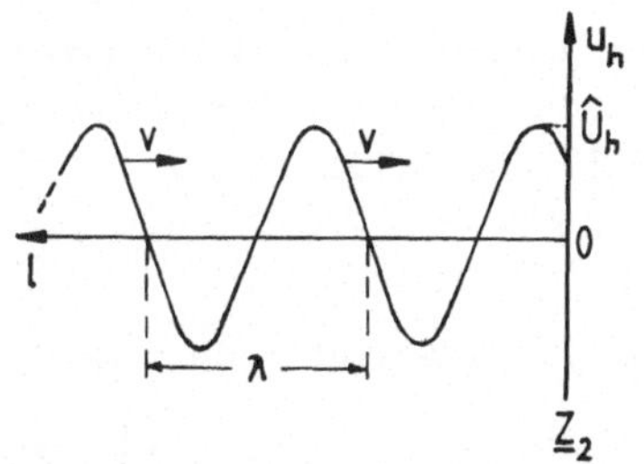

Bild 86 Einfallende Welle auf
der verlustlosen Leitung

che Weise wie oben läßt sich zeigen, daß der Term $\underline{u}_r$ in Gl.
(221) eine in der positiven 1-Richtung fortschreitende,
ebene elektromagnetische Welle beschreibt, d.i. eine vom
Lastwiderstand in Richtung zum Generator <u>reflektierte (rück-
laufende) Welle</u>.
In den Beziehungen (218) beschreibt jeweils der erste Summand die einfallende Welle und der zweite Summand die reflektierte Welle. Bilden wir das Verhältnis Spannung/Strom
in der einfallenden und in der reflektierten Welle, so erhalten wir

$$Z_L = \frac{U_h}{I_h} = - \frac{U_r}{I_r} \qquad (224)$$

Der Wellenwiderstand der Leitung bestimmt also das Verhält-
nis Spannung/Strom <u>in jeder Teilwelle</u> auf der Leitung.
Daher rührt die Bezeichnung "Wellenwiderstand".
Als <u>Wellenlänge</u> λ einer Welle wird der Abstand zweier be-
nachbarter Punkte gleicher Phase in der Welle bezeichnet:
$\beta \lambda = 2\pi$. Es gilt also

$$\beta = \frac{2\pi}{\lambda} \qquad (225)$$

Die Wanderungsgeschwindigkeit einer ebenen Wellenfront wird

als die _Phasengeschwindigkeit_ der ebenen Welle bezeichnet.
Es gilt die allgemeine Wellenbeziehung

$$\left| \; v = f \lambda \right. \tag{226}$$

Für die Phasengeschwindigkeit einer fortschreitenden Welle
auf der verlustlosen Leitung folgt aus (226) wegen $f = \omega/2\pi$,
(225) und (210)

$$v = \frac{\omega}{\beta} = \frac{1}{\sqrt{L'C'}} \tag{227}$$

Aus (227) ergibt sich wegen (185) und (186)

$$\left| \; v = \frac{c}{\sqrt{\varepsilon_r \mu_r}} \right. \tag{228}$$

wobei

$$\left| \; c = f \lambda_o = \frac{1}{\sqrt{\varepsilon_o \mu_o}} \approx 3 \cdot 10^8 \, \frac{m}{s} \right. \tag{229}$$

die Phasengeschwindigkeit der Welle im Vakuum ($\varepsilon_r = \mu_r = 1$)
$\approx$ in Luft ist, d.i. der Wert der Lichtgeschwindigkeit im
Vakuum. λ_o in (229) ist die Wellenlänge im Vakuum $\approx$ in Luft.
Die Wellenlänge im Dielektrikum mit $\varepsilon_r > 1$, $\mu_r > 1$ ist wegen
(228), (226) und (229)

$$\lambda = \frac{\lambda_o}{\sqrt{\varepsilon_r \mu_r}} \tag{230}$$

4.4.3 $\lambda/4$- und $\lambda/2$-Leitung

a) $\lambda/4$-Leitung

Für $l = \lambda/4$ folgt wegen (225) $\beta l = \pi/2$, $\tan \pi/2 = \infty$ und
hiermit aus (217)

$$\left| \; \underline{Z}_{e1} = \frac{Z_L^2}{\underline{Z}_2} \right. \tag{231}$$

Die $\lambda/4$-Leitung bildet also an ihrem Eingang aus dem Ab-
schlußwiderstand $\underline{Z}_2$ den _dualen_ Widerstand $Z_L^2/\underline{Z}_2$. Die $\lambda/4$-
Leitung stellt daher einen _Dualtransformator_ (_Dualüber-_
setzer) dar. Sie wird in der Praxis zur Anpassung reeller
Widerstände benutzt. Man kann mit einer $\lambda/4$-Leitung z.B.

zwei Leitungen verschiedenen Wellenwiderstandes oder eine
Antenne und ein Anschlußkabel anpassen. Ein Ausführungsbei-
spiel eines koaxialen Leitungs-
transformators ist in Bild 87 dargestellt. Der Wellenwiderstand
Z_{L2} der $\lambda/4$-Leitung muß wegen
(231) gleich dem geometrischen Mit-
tel der Wellenwiderstände Z_{L1} und
Z_{L3} der beiden anzupassenden Leitungen sein:

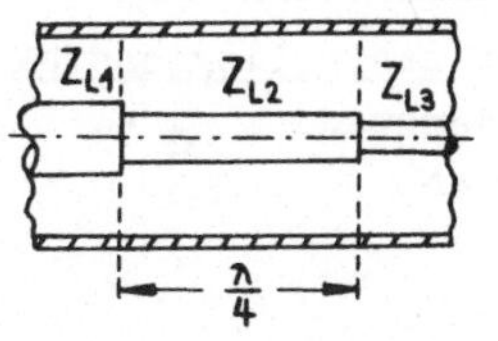

Bild 87   Koaxialer
Leitungs-
transformator

$$Z_{L2} = \sqrt{Z_{L1}Z_{L3}} \qquad (232)$$

An den beiden Stoßstellen Z_{L1}/Z_{L2}
und Z_{L2}/Z_{L3} ist dann Reflexionsfreiheit vorhanden, d.h. einfallende Wellen werden an diesen Stellen nicht reflektiert
(vgl. 4.5.2). Die $\lambda/4$-Transformation ist nur für _eine_ Frequenz bzw. Wellenlänge exakt, nämlich für _die_ Wellenlänge,
bei der die Leitungslänge gleich $\lambda/4$ ist.

b) $\lambda/2$-Leitung

Für $l = \lambda/2$ folgt wegen (225) $\beta l = \pi$, $\tan \pi = 0$, also aus
(217)

$$\underline{Z}_{e1} = \underline{Z}_2 \qquad (233)$$

Die $\lambda/2$-Leitung transformiert also nicht, sondern polt nur
die Phasen von Spannung und Strom um, $\underline{U} = -\underline{U}_0$, $\underline{I} = -\underline{I}_0$. Die
$\lambda/2$-Leitung stellt daher einen _Umpoltransformator_ mit dem
Übersetzungsverhältnis ü = -1 dar.

Der Abschlußwiderstand $\underline{Z}_2$ wiederholt sich in den Abständen $n\lambda/2$ (n = 1,2,3,...) vom Leitungsende.

4.5 Reflexionsfaktor. Angepaßte und fehlangepaßte Leitung

4.5.1 Last- und Eingangsreflexionsfaktor. Fehlersatz

Der <u>Lastreflexionsfaktor</u> ist der Reflexionsfaktor des Lastwiderstandes $\underline{Z}_2$ am Leitungsende $1 = 0$ und ist definiert
durch

$$\underline{r}_0 = \frac{\underline{U}_r}{\underline{U}_h} \tag{234}$$

Für die verlustlose Leitung mit dem reellen Wellenwiderstand
Z_L folgt aus (234) wegen (219)

$$\underline{r}_0 = \frac{\underline{U}_0 - Z_L\underline{I}_0}{\underline{U}_0 + Z_L\underline{I}_0} = \frac{\dfrac{\underline{U}_0}{\underline{I}_0} - Z_L}{\dfrac{\underline{U}_0}{\underline{I}_0} + Z_L}$$

und hieraus wegen (215)

$$\underline{r}_0 = \frac{\underline{Z}_2 - Z_L}{\underline{Z}_2 + Z_L} \tag{235}$$

Das Spannungsverhältnis $\underline{U}_r/\underline{U}_h$ wird also allein durch den
Lastwiderstand $\underline{Z}_2$ bestimmt.

Der <u>Eingangsreflexionsfaktor</u> der Leitung im Abstand 1 vor
dem Lastwiderstand $\underline{Z}_2$ ist entsprechend der Beziehung (235)
gegeben durch

$$\underline{r}_{e1} = \frac{\underline{Z}_{e1} - Z_L}{\underline{Z}_{e1} + Z_L} \tag{236}$$

Aus (236) folgt die Umkehrung

$$\underline{Z}_{e1} = Z_L \frac{1 + \underline{r}_{e1}}{1 - \underline{r}_{e1}} \tag{237}$$

Gehen wir mit (217) in (236) ein, so ergibt sich für die
verlustlose Leitung

$$\underline{r}_{e1} = \frac{(\underline{Z}_2 - Z_L)(1 - j\tan ß1)}{(\underline{Z}_2 + Z_L)(1 + j\tan ß1)}$$

und hieraus wegen

$$\frac{1 - j\tan \beta l}{1 + j\tan \beta l} = \frac{\cos \beta l - j\sin \beta l}{\cos \beta l + j\sin \beta l} = e^{-j2\beta l}$$

bei Berücksichtigung von (235)

$$\underline{r}_{e1} = \underline{r}_0 e^{-j2\beta l} = \underline{r}_0 e^{-j\frac{4\pi l}{\lambda}} \tag{238}$$

Die Beziehung (238) ist der "Fehlersatz" der Leitungstheorie
von R. F e l d t k e l l e r (1925):

Der Eingangsreflexionsfaktor einer verlustlosen Leitung
folgt aus dem Lastreflexionsfaktor durch Multiplikation
mit $e^{-j2\beta l}$.

4.5.2 Angepaßte Leitung

Wird eine Leitung angepaßt abgeschlossen, d.h. wird sie mit
einem ihrem Wellenwiderstand Z_L gleichen Widerstand abgeschlossen

$$\underline{Z}_2 = Z_L \tag{239}$$

so folgt aus den Leitungsgleichungen (216)

$$\underline{U} = \underline{U}_0(\cos \beta l + j\sin \beta l) = \underline{U}_0 e^{j\beta l}$$
$$\underline{I} = \underline{I}_0(\cos \beta l + j\sin \beta l) = \underline{I}_0 e^{j\beta l} \tag{240}$$

Die Effektivwerte bzw. die Amplituden von Spannung und Strom
sind dann also längs der ganzen Leitung gleich groß, und bei
beiden Größen tritt eine stetige, der Leitungslänge l pro-
portionale Phasendrehung auf. Für den Eingangswiderstand der
angepaßten Leitung folgt aus (217) wegen (239)

$$\underline{Z}_{e1} = \underline{U}/\underline{I} = Z_L \tag{241}$$

Es ergibt sich also der Wellenwiderstand der Leitung, in
Übereinstimmung mit der Definition (190). Da Z_L reell ist,
sind Spannung und Strom auf der ganzen angepaßten Leitung
in Phase. Auf der angepaßten Leitung wird daher nur Wirkleistung zum Verbraucher transportiert. Aus diesem Grund
wird bei der Energie- und Nachrichtenübertragung auf Leitungen gewöhnlich der Anpassungsfall angestrebt.

Im Anpassungsfall (239) folgt aus (235) und (234) $\underline{r}_0 = 0$, $\underline{U}_r = 0$, d.h. die reflektierte Welle auf der Leitung verschwindet. Im Anpassungsfall treten also nur einfallende Wellen auf der Leitung auf, die zum Lastwiderstand $\underline{Z}_2$ laufen und dort vollständig absorbiert werden. Die Anpassungsbedingung $\underline{Z}_2 = Z_L$ stellt daher die Bedingung für <u>Reflexionsfreiheit</u> am Lastwiderstand $\underline{Z}_2$ dar.

4.5.3 <u>Fehlangepaßte Leitung mit reellem Abschlußwiderstand.</u> <u>Anpassungs- und Welligkeitsfaktor</u>

Bei Fehlanpassung $\underline{Z}_2 \neq Z_L$ einer Leitung wird ein Teil der einfallenden Welle vom Lastwiderstand $\underline{Z}_2$ in den Eingang der Leitung reflektiert, wodurch die Strom- und Spannungsverteilung auf der Leitung verändert wird. Auf diese Weise wird ein vom Wellenwiderstand Z_L abweichender Eingangswiderstand $\underline{Z}_{e1}$, im Falle einer verlustlosen Leitung gemäß Gl.(217), hervorgerufen.

Eine verlustlose Leitung soll mit dem reellen Widerstand

$$R_2 = mZ_L < Z_L \qquad (242)$$

mit $0 \leqq m \leqq 1$ abgeschlossen sein. Für die Spannung an einem Ort 1 auf der Leitung gilt dann wegen (216), (242) und (225)

$$\underline{U} = \underline{U}_0 \left(\cos \frac{2\pi l}{\lambda} + j \frac{1}{m} \sin \frac{2\pi l}{\lambda} \right) \qquad (243)$$

Der Effektivwert der Spannung längs der Leitung ist wegen (243)

$$U = U_0 \sqrt{\cos^2 \frac{2\pi l}{\lambda} + \left(\frac{1}{m}\right)^2 \sin^2 \frac{2\pi l}{\lambda}} \qquad (244)$$

mit

$$\text{Spannungsminima } U_{min} = U_0 \quad \text{bei } l = 0, \frac{\lambda}{2}, \lambda, \dots$$

$$\text{Spannungsmaxima } U_{max} = \frac{U_0}{m} \quad \text{bei } l = \frac{\lambda}{4}, 3\frac{\lambda}{4}, 5\frac{\lambda}{4}, \dots \qquad (245)$$

Aus (245) folgt

$$m = \frac{U_{min}}{U_{max}} \qquad (246)$$

Die Größe m wird als der **Anpassungsfaktor** bezeichnet. Die Spannungsverteilung auf der Leitung ist in Bild 88 dargestellt. An den Orten, wo Spannungsmaxima auftreten, sind einfallende und reflektierte Spannungswelle in Phase, sodaß sich dort ihre Effektivwerte addieren:

$$U_{max} = U_h + U_r \qquad (247)$$

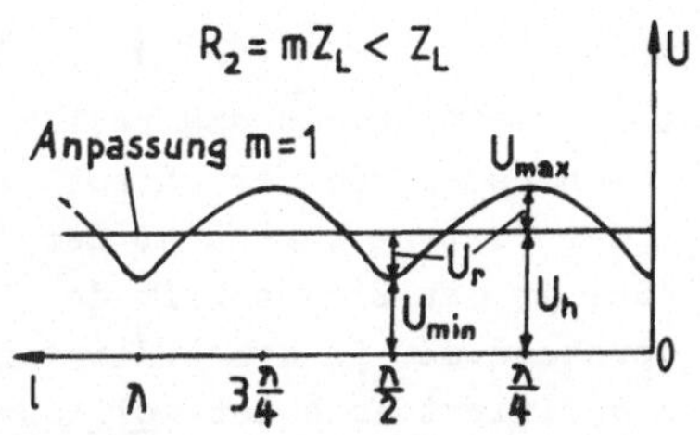

Bild 88 Spannungsverteilung auf einer Leitung mit der Last $R_2 < Z_L$

An den Orten, wo die Spannungsminima auftreten, sind die beiden Spannungswellen gegenphasig, sodaß dort nur die Differenz der Effektivwerte wirksam ist:

$$U_{min} = U_h - U_r \qquad (248)$$

Das Spannungsminimum am Leitungsende l = 0 wiederholt sich in den Abständen n $\lambda/2$ (n = 1,2,...) vom Leitungsende. In diesen Abständen wiederholt sich gemäß 4.4.3 auch der Abschlußwiderstand R_2. An den U_{min}-Orten ist also der Eingangswiderstand der Leitung reell und gleich R_2. An den U_{max}-Orten, die in den Abständen $\lambda/4$ von den U_{min}-Orten liegen, ist der Eingangswiderstand der Leitung ebenfalls reell, denn ein Leitungsstück der Länge $\lambda/4$ transformiert den Widerstand R_2 gemäß (231) in den Widerstand Z_L^2/R_2.
Für den Reflexionsfaktorbetrag gilt wegen (238) und (234)

$$r = |\underline{r}_{e1}| = |\underline{r}_o| = \frac{U_r}{U_h} \qquad (249)$$

Aus (246) folgt wegen (247), (248) und (249)

$$m = \frac{1 - r}{1 + r} \qquad (250)$$

und hieraus die Umkehrung

$$\left| \; r = \frac{1-m}{1+m} \right. \tag{251}$$

Ist die Leitung mit dem reellen Widerstand $R_2 = Z_L/m > Z_L$
abgeschlossen, so verschiebt sich die Spannungsverteilung
auf der Leitung gegenüber der Kurve Bild 88 um $\Lambda/4$. Dies ist
wieder in der Eigenschaft der $\Lambda/4$-Leitung begründet, die den
Widerstand mZ_L in den Widerstand Z_L/m transformiert.
Man definiert auch den <u>Welligkeitsfaktor</u> (<u>Stehwellenverhält-
nis</u>, SWR vom engl. Standing Wave Ratio)

$$s = \frac{1}{m} = \frac{U_{max}}{U_{min}} \tag{252}$$

mit $1 \leqq s \leqq \infty$. Bei Anpassung gilt $m = s = 1$, und die Welligkeit auf der Leitung ist verschwunden.
Der Anpassungsfaktor m (bzw. der Welligkeitsfaktor s) und
damit auch der Reflexionsfaktorbetrag r können mit der
<u>HF-Meßleitung</u> bestimmt werden, d.i. gewöhnlich eine Koaxial-
leitung, die im Mantel einen Längsschlitz der Länge $\sim\Lambda$ besitzt. Die Spannungsverteilung längs der Leitung wird im
Schlitz mit einer beweglichen Sonde (Metallstift) abgeta-
stet, die mit einer Diode und einem Drehspulinstrument verbunden ist. Auf diese Weise kann z.B. auch eine unbekannte
Abschlußimpedanz $\underline{Z}_2$ ermittelt werden (vgl. Beispiel 19).
Der Reflexionsfaktor an einer Stelle l auf der Leitung

$$\underline{r}_{e1}(l) = \frac{\underline{U}_r(l)}{\underline{U}_h(l)} \tag{253}$$

kann nach Betrag und Phase mit Hilfe von <u>Richtkopplern</u> bestimmt werden. Ein Richtkoppler koppelt einen Teil der in
einer Hauptleitung laufenden Welle in eine Nebenleitung aus,
und zwar entweder nur von der einfallenden Welle (Vorwärts-
wellenkoppler) oder nur von der reflektierten Welle (Rück-
wärtswellenkoppler) in der Hauptleitung. Man kann auf diese
Weise $\underline{U}_h(l)$ und $\underline{U}_r(l)$ einzeln auf der Leitung messen.

4.6 Reaktanzleitungen

4.6.1 Kurzgeschlossene verlustlose Leitung

Für eine am Ende kurzgeschlossene verlustlose Leitung
($\underline{Z}_2 = 0$) folgt aus (235) und (234) $\underline{r}_o = -1$, $\underline{U}_r = -\underline{U}_h$. Die
reflektierte und die einfallende Spannungswelle besitzen
also gleich große Effektivwerte bzw. Amplituden, d.h. es
erfolgt eine <u>Totalreflexion</u> der einfallenden Spannungswelle
am kurzgeschlossenen Leitungsende. Die Spannung erfährt dabei am Leitungsende einen Phasensprung von 180° (wegen des
negativen $\underline{r}_o$). Auf der kurzgeschlossenen Leitung werden am
Leitungsende $l = 0$ ein

<u>Spannungsknoten</u>

$U_{min} = U_h - U_r = 0$ und
ein <u>Strombauch</u>

$I_{max} = U_{max}/Z_L$ erzwun-
gen. Die Spannungsknoten
und die Strombäuche wie-
derholen sich in den Ab-
ständen $n\, \Lambda/2$ ($n = 1,2,\dots$)
vom Leitungsende (Bild 89,
in diesen Abständen wiederholt sich der Abschlußwi-
derstand). In den Abständen

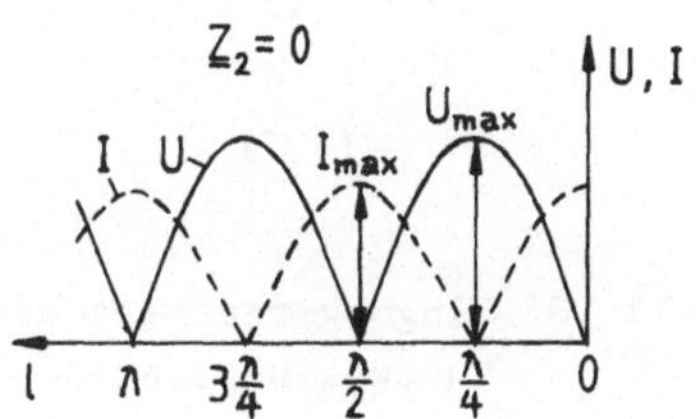

Bild 89 Spannungs- und Stromverteilung in einer
stehenden Welle

$(2n + 1)\, \Lambda/4$ ($n = 0,1,2,\dots$) vom Leitungsende treten <u>Span-
nungsbäuche</u> $U_{max} = U_h + U_r = 2U_h$ und <u>Stromknoten</u> $I_{min} = 0$
auf. Auf der kurzgeschlossenen Leitung gehen also die Span-
nungs- und Stromminima bis auf Null zurück. Da die einfallende und die reflektierte Welle gleichgroße Amplituden und
damit die gleiche Energie besitzen, wird insgesamt keine
Energie transportiert. Auf der kurzgeschlossenen Leitung
tritt folglich eine am Ort stehende elektromagnetische
Schwingung auf, die als eine <u>stehende Welle</u> bezeichnet wird.
In der stehenden Welle pendelt Blindenergie am Ort ihrer
Entstehung zwischen der elektrischen Energie der Spannungswelle und der magnetischen Energie der Stromwelle hin und

her. Ein Transport von Wirkleistung findet nicht statt. Für den Eingangswiderstand der kurzgeschlossenen Leitung folgt aus (217) wegen $\underline{Z}_2 = 0$ und (225)

$$\underline{Z}_k = jX_k = j\ Z_L\ \tan \frac{2\pi l}{\lambda} \tag{254}$$

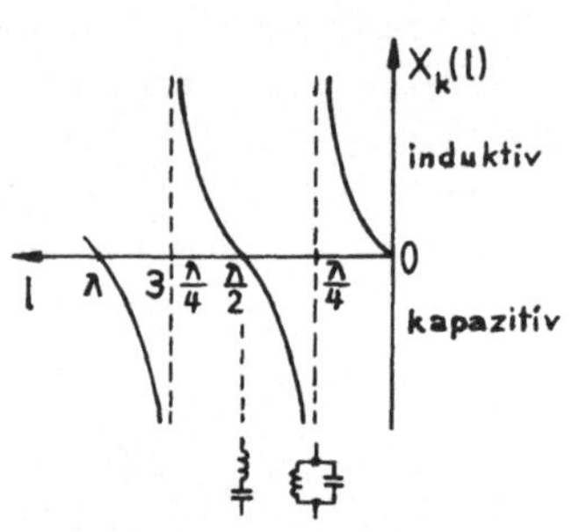

Bild 90 Eingangsreaktanz der kurzgeschlossenen verlustlosen Leitung

d.i. eine reine Reaktanz. Die kurzgeschlossene verlustlose Leitung wird deshalb als eine Reaktanzleitung bezeichnet. Der Eingangsreaktanzverlauf $X_k(l)$ ist in Bild 90 dargestellt. Die Leitung wirkt auf dem Abschnitt $0 < l < \lambda/4$ induktiv, auf dem Abschnitt $\lambda/4 < l < \lambda/2$ kapazitiv, auf dem Abschnitt $\lambda/2 < l < 3\,\lambda/4$ wieder induktiv usf. Der Leitungseingang verhält sich an

den Stellen $X_k = 0$ wie ein Serienschwingkreis und an den Stellen $X_k = \pm\infty$ wie ein Parallelschwingkreis. Die kurzgeschlossene $\lambda/4$-Leitung wirkt also wie ein Parallelschwingkreis ($\lambda/4$-Resonator) und wird in koaxialer Ausführung als Bandpaß im Dezimeterwellenbereich eingesetzt. (Der technische $\lambda/4$-Resonator ist verlustbehaftet).

4.6.2 Offene verlustlose Leitung

Für eine am Ende offene (leerlaufende) verlustlose Leitung ($\underline{Z}_2 = \infty$) folgt aus (235) und (234) $\underline{r}_o = 1$, $\underline{U}_r = \underline{U}_h$, d.h. die einfallende Spannungswelle wird am offenen Leitungsende total reflektiert. Auf der offenen Leitung bildet sich daher wie auf der kurzgeschlossenen Leitung eine stehende Welle aus, nur mit dem Unterschied, daß sich am Ende der offenen Leitung ein Spannungsbauch und ein Stromknoten befinden. Die sich einstellende Spannungs- und Stromverteilung ist

also gegenüber den Kurven der kurzgeschlossenen Leitung
Bild 89 um $\lambda/4$ verschoben. Für den Eingangswiderstand der
offenen Leitung folgt aus (217) wegen $\underline{Z}_2 = \infty$

$$\underline{Z}_1 = jX_1 = -j\,Z_L\,\cot\frac{2\pi l}{\lambda} \tag{255}$$

also wieder eine reine Reaktanz. Die offene verlustlose Leitung stellt daher ebenfalls eine Reaktanzleitung dar.
Die Bedeutung der Reaktanzleitungen besteht darin, daß mit
ihnen je nach der Bemessung ihrer Längen sowohl induktive
als auch kapazitive Blindwiderstände von 0 bis ∞ realisiert
werden können. Da jedoch die Bedingung Leerlauf bei hohen
Frequenzen wegen der dann auftretenden Abstrahlung elektromagnetischer Wellenenergie vom offenen Leitungsende nicht
erfüllt werden kann, werden in der Praxis als Reaktanzleitungen fast ausschließlich kurzgeschlossene Leitungen verwendet.

4.6.3 Stichleitungen

Kurzgeschlossene Reaktanzleitungen werden bei Frequenzen
$f \gtrless 100$ MHz in Leitungsanpassungsschaltungen eingesetzt,
die den komplexen Eingangswiderstand einer Leitung in den
reellen Wellenwiderstand Z_L einer vorgeschalteten Leitung
transformieren. Dabei wird z.B. auf der Verbraucherseite
eine kurzgeschlossene Reaktanzleitung von der Länge l_k und
dem Eingangsleitwert gemäß (254)

$$\underline{Y}_k = jB_k = \frac{1}{\underline{Z}_k} = -j\,\frac{1}{Z_L}\,\cot\frac{2\pi l_k}{\lambda} \tag{256}$$

aus technischen Gründen meist parallel zur Übertragungsleitung zwischen Generator und Verbraucher geschaltet. Eine
solche Reaktanzleitung wird als eine <u>Stichleitung</u> (<u>Kompen-
sationsleitung</u>) bezeichnet. Bei einer Paralleldrahtleitung
ergibt sich die Anordnung Bild 91 a und bei einer Koaxialleitung die Anordnung Bild 91 b. Die Übertragungsleitung
besitzt an der "Stichstelle" l_1 den Eingangsleitwert

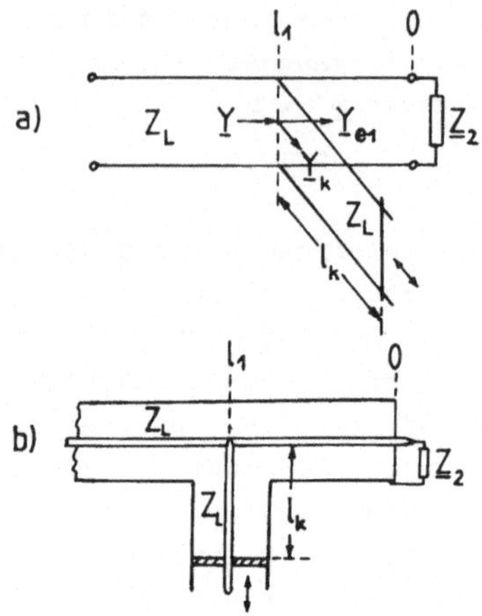

Bild 91 Leitungsanpassung mit
einer Stichleitung
a) bei der Paralleldrahtleitung,
b) bei der Koaxialleitung

$$\underline{Y}_{e1} = G_{e1} + jB_{e1}$$

Zu $\underline{Y}_{e1}$ wird der Blindleitwert $\underline{Y}_k = jB_k$ der Stichleitung parallel geschaltet. Der gesamte Leitwert an der Stelle l_1 ist daher

$$\underline{Y} = \underline{Y}_{e1} + \underline{Y}_k$$
$$= G_{e1} + j(B_{e1} + B_k)$$

An der Stelle l_1 auf der Übertragungsleitung ergeben sich dann die Anpassungsbedingungen

$$\frac{1}{Z_L} = G_{e1} \qquad (257)$$
$$B_k = -B_{e1}$$

Die Stichstelle l_1 auf der Übertragungsleitung muß also so gewählt werden, daß dort die erste Bedingung (257) erfüllt ist. Der Leitwert $\underline{Y}_k$ der Stichleitung wird durch Verändern ihrer Länge l_k mittels eines verschiebbaren Kurzschlusses (z.B. Metallbügel) so eingestellt, daß die zweite Bedingung (257) erfüllt ist.

4.7 Smith-Diagramm

4.7.1 Konforme Abbildung der Z'-Halbebene auf die r-Ebene

Der auf Z_L normierte Eingangswiderstand an einem Ort 1 auf der verlustlosen Leitung ist

$$\underline{Z}' = R' + jX' = \frac{\underline{Z}_{e1}}{Z_L} = \frac{R_{e1}}{Z_L} + j\,\frac{X_{e1}}{Z_L} \qquad (258)$$

oder wegen (237)

$$\left| \quad \underline{Z}' = \frac{1 + \underline{r}}{1 - \underline{r}} \right. \tag{259}$$

wobei $\underline{r} \equiv \underline{r}_{e1}$ der Eingangsreflexionsfaktor an der Stelle l auf der Leitung ist. Gemäß (238) gilt

$$\underline{r} = u + jv = \underline{r}_o e^{-j2\beta l} = \underline{r}_o e^{-j\frac{4\pi l}{\lambda}} \tag{260}$$

Hierbei ist $\underline{r}_o$ der Lastreflexionsfaktor, d.i. der Reflexionsfaktor am Leitungsende l = 0.
Aus (259) folgt die Umkehrung

$$\left| \quad \underline{r} = \frac{\underline{Z}' - 1}{\underline{Z}' + 1} \right. \tag{261}$$

Mit Hilfe der Gl.(259) bzw. (261) wird die rechte $\underline{Z}'$-Halbebene (R' > 0 ist vorausgesetzt, also passive Schaltelemente) __konform__ (d.h. im Kleinen winkeltreu) auf die Ebene des Reflexionsfaktors $\underline{r}$ abgebildet.
Wir können (259) wegen (258) und (260) auch schreiben

$$R' + jX' = \frac{1 + u + jv}{1 - u - jv}$$

Spalten wir diese Gleichung in Real- und Imaginärteil auf, so erhalten wir

$$R' = \frac{1 - u^2 - v^2}{(1 - u)^2 + v^2} \quad , \quad X' = \frac{2v}{(1 - u)^2 + v^2} \tag{262}$$

Stellen wir die Gln. (262) in der folgenden Weise um

$$u^2 - 2u \frac{R'}{1 + R'} + v^2 + \frac{R' - 1}{R' + 1} = 0$$

$$(u - 1)^2 + v^2 - 2 \frac{v}{X'} = 0$$

und fügen auf beiden Seiten die quadratische Ergänzung $\left[R'/(1 + R') \right]^2$ bzw. $(1/X')^2$ hinzu, so erhalten wir

$$(u - \frac{R'}{1 + R'})^2 + v^2 = (\frac{1}{1 + R'})^2 \tag{263}$$

$$(u - 1)^2 + (v - \frac{1}{X'})^2 = (\frac{1}{X'})^2 \tag{264}$$

das sind die Gleichungen zweier Kreisscharen in der $\underline{r}$-Ebene.
Aus (263) ergeben sich die folgenden Abbildungen:

Geraden R' = const $\longrightarrow$ Kreise mit den Radien
$\varrho_{R'}$ = 1/1 + R' und den Mittelpunkten bei u = R'/1 + R', v = 0
(auf der u-Achse),

speziell:
Gerade R' = 0 $\stackrel{\wedge}{=}$ jX'-Achse $\longrightarrow$ Kreis mit dem Radius 1 und
dem Mittelpunkt bei
u = v = 0: $\underline{Einheitskreis}$.

Aus (264) folgen die Abbildungen:

Geraden X' = const $\longrightarrow$ Kreise mit den Radien $\varrho_{X'}$ = 1/|X'|
und den Mittelpunkten bei u = 1,
v = 1/X',

speziell:
Gerade X' = 0 $\stackrel{\wedge}{=}$ R'-Achse $\longrightarrow$ u-Achse.

Sämtliche Kreise in der $\underline{r}$-Ebene liegen $\underline{innerhalb}$ des Ein-
heitskreises mit $|\underline{r}|$ = 1, d.h. die ganze, unendlich ausge-
dehnte $\underline{Z}'$-Halbebene mit R' > 0 wird auf das Innere des Einheitskreises in der $\underline{r}$-Ebene abgebildet. Alle Kreise gehen
dabei durch den Punkt u = 1. Die Kreise R' = const, X' =
const stellen ein krummliniges Koordinatennetz der $\underline{Z}'$-Ebene
dar, das der $\underline{r}$-Ebene überlagert ist (es liegt eine komplexe
Doppelebene vor), d.i. das $\underline{Smith-Diagramm}$ Bild 92 rechts
(P. H. S m i t h, 1939). Aus dem Smith-Diagramm können der
Realteil u und der Imaginärteil v von $\underline{r}$ entnommen werden.
Es ist jedoch zweckmäßiger, dem Smith-Diagramm den Reflexionsfaktor $\underline{r}$ in Polarkoordinaten, d.h. nach Betrag und
Phase gemäß Gl.(260), zu entnehmen (s. 4.7.2). Auf das
rechtwinklige Koordinatennetz der "unterlagerten" $\underline{r}$-Ebene
kann dann verzichtet werden, sodaß die Achsen u und jv im
Smith-Diagramm gewöhnlich fortgelassen werden.

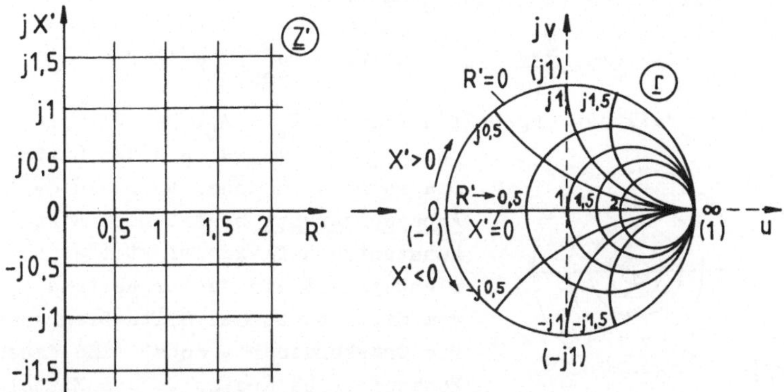

Bild 92 Abbildung der Z'-Halbebene auf das Innere
des Einheitskreises in der r-Ebene

4.7.2 r- und m-Kreise. 1/λ-Geraden

Schreiben wir den Lastreflexionsfaktor in der Form

$$\underline{r}_o = re^{j\varphi_o} \tag{265}$$

mit dem Nullphasenwinkel φ_o, so folgt für den Eingangsreflexionsfaktor (260)

$$\underline{r} = u + jv = re^{j\varphi} \quad \text{mit} \quad \varphi = \varphi_o - \frac{4\pi l}{\lambda} \tag{266}$$

Der Reflexionsfaktor $\underline{r}$ an einem
Ort auf der Leitung im Abstand
l vom Lastwiderstand kann daher
nach Betrag r und Phase φ dem
Smith-Diagramm entnommen werden
(Bild 93. Die Phase wird von
der positiven u-Achse aus positiv im mathematisch positiven
Drehsinn gezählt). Der Mittelpunkt des Smith-Diagramms entspricht dem Reflexionsfaktor

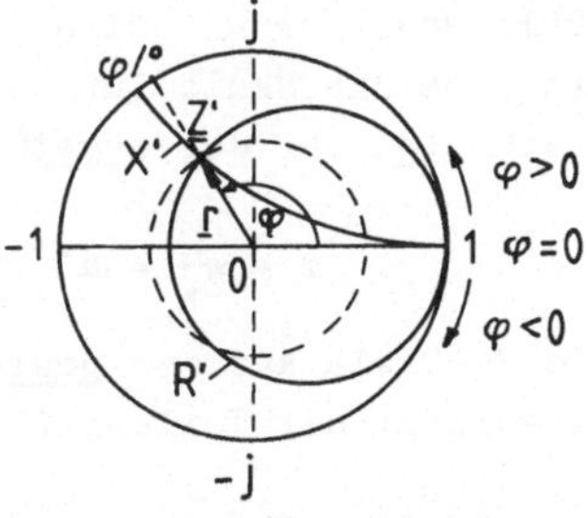

Bild 93 Reflexionsfaktor $\underline{r}$
im Smith-Diagramm

$\underline{r} = 0$ bzw. wegen (259) dem $\underline{Z}'$-Wert

$$\underline{Z}' = \frac{\underline{Z}_{e1}}{\underline{Z}_L} = R' = 1 \quad \text{bzw.} \quad \underline{Z}_{e1} = \underline{Z}_L$$

d.i. der Fall der angepaßten Leitung $\underline{Z}_2 = \underline{Z}_L$. Der Mittel-

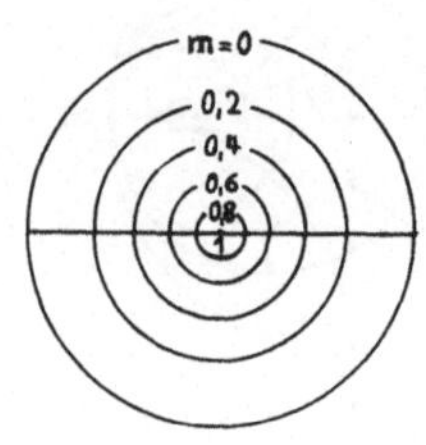

Bild 94 m-Kreise im Smith-Diagramm

punkt $\underline{r} = 0$ bzw. R' = 1 des Smith-Diagramms wird daher auch als der Anpassungspunkt bezeichnet. Einem konstanten Reflexionsfaktorbetrag r entspricht ein fester Abstand vom Mittelpunkt des Smith-Diagramms. Die Ortskurven r = const sind daher konzentrische Kreise um den Mittelpunkt des Smith-Diagramms, die als r-Kreise bezeichnet werden (z.B. der gestrichelte Kreis in Bild 93). Man kann anstelle der r-Kreise mit Hilfe von Gl.(250)

$$m = \frac{1 - r}{1 + r}$$

auch die Kreise m = const einführen, die als m-Kreise bezeichnet werden. Man erhält z.B. die folgende Tabelle:

r	0	0,11	0,25	0,43	0,66	1
m	1	0,8	0,6	0,4	0,2	0

Die m-Kreise im Smith-Diagramm sind ebenfalls konzentrisch (Bild 94). Der nichtlinearen m-Teilung entspricht im Smith-Diagramm die Skala für den Realteil R' des normierten Widerstandes $\underline{Z}'$ auf der negativen u-Achse, denn wegen (242) gilt

$$m = \frac{R_2}{Z_L} = R' \quad \text{für } R_2 < Z_L \quad \text{bzw. } R' < 1$$

Die R'-Skala auf der positiven u-Achse im Smith-Diagramm entspricht der Teilung für den Welligkeitsfaktor s = 1/m.

Bei reellem Lastwiderstand $\underline{Z}_2 = R_2$, d.h. für $\varphi_0 = 0$, folgt aus (266)

$$\underline{r} = u + jv = re^{-j\frac{4\pi l}{\lambda}} \qquad (267)$$

und hieraus

$$\tan(-\frac{4\pi l}{\lambda}) = \frac{v}{u}$$

bzw.

$$v = -u \tan\frac{4\pi l}{\lambda} \qquad (268)$$

(268) ist die Gleichung eines Geradenbüschels in der $\underline{r}$-Ebene durch den Mittelpunkt $\underline{r} = 0$ mit dem Parameter l/λ , das sind die <u>l/λ-Geraden</u> (Bild 95). Für die Bezifferung des Umfanges des Smith-Diagramms ergibt sich:

$4\pi l/\lambda$	0	$\pi/2$	π	$3\pi/2$	2π
l/λ	0	0,125	0,25	0,375	0,5

Ein m-Kreis (oder ein r-Kreis) wird also für $l/\lambda = 0,5$ einmal voll durchlaufen. Dies bedeutet physikalisch, daß sich der Widerstand der Leitung für
$l = \lambda/2, \lambda , 3\lambda/2, \ldots$ periodisch wiederholt (4.4.3).
Das vollständige Smith-Diagramm besitzt am Umfang die Gradeinteilung für den Winkel des Reflexionsfaktors und zwei gegenläufige l/λ-

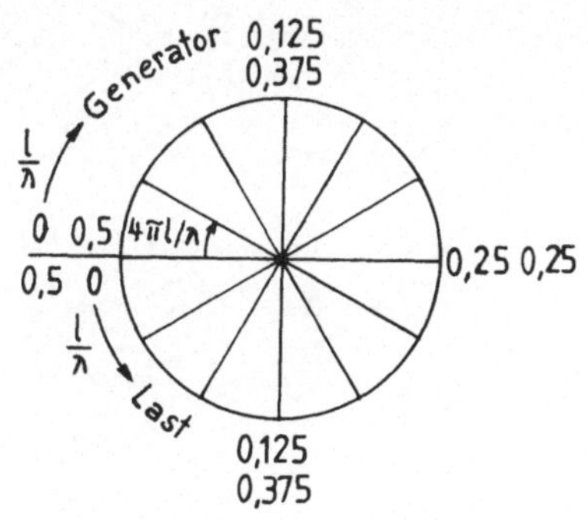

Bild 95 l/λ-Geraden im Smith-Diagramm

Skalen (Bild 96). Man verwendet die im Uhrzeigersinn laufende l/λ-Skala, d.i. auf der Leitung die Richtung zum Generator, wenn z.B. der Eingangswiderstand einer belasteten Leitung gesucht wird, und die entgegen dem Uhrzeigersinn

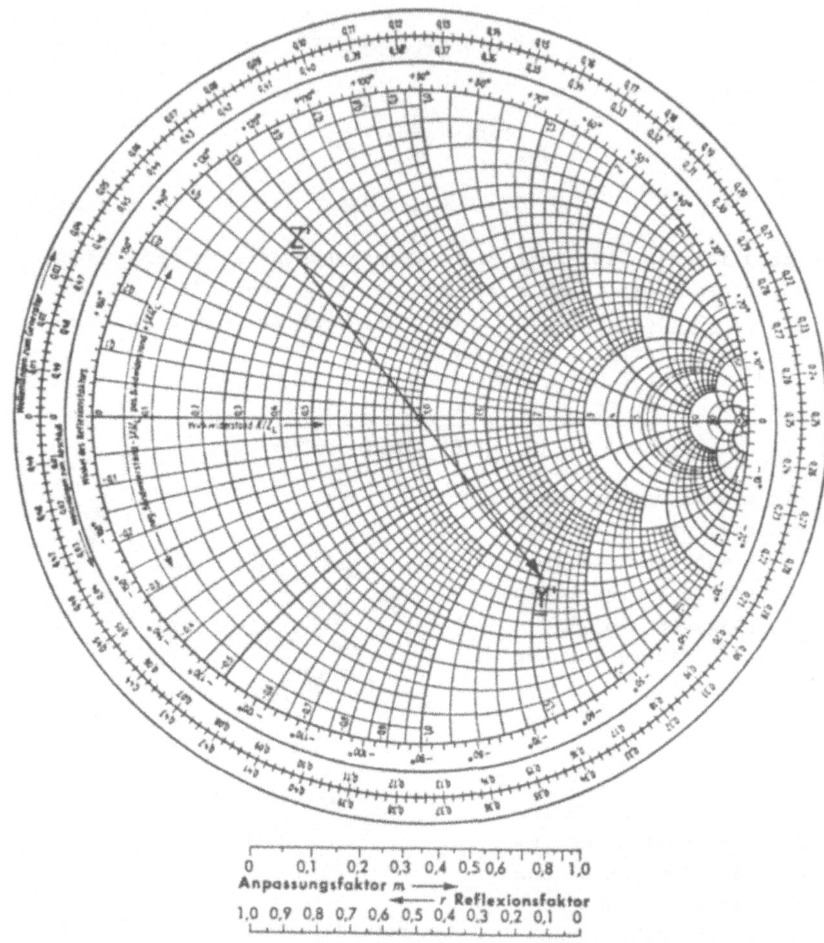

Bild 96   Smith-Diagramm

laufende l/λ-Skala, d.i. auf der Leitung die Richtung zur
Last, wenn z.B. der Lastwiderstand einer Leitung gesucht
wird.

4.7.3 Inversion von Widerständen und Leitwerten

Die Inversion eines komplexen Widerstandes bzw. Leitwertes,
d.h. die Operation
$\underline{Y}' = 1/\underline{Z}'$ bzw.
$\underline{Z}' = 1/\underline{Y}'$, erfolgt
im Smith-Diagramm
durch Spiegelung
am Anpassungspunkt
$R' = 1$, also am
Mittelpunkt des
Smith-Diagramms
(Bild 97). Der
Grund hierfür ist,
daß z.B. die zu-
einander inversen
Punkte 0 und ∞

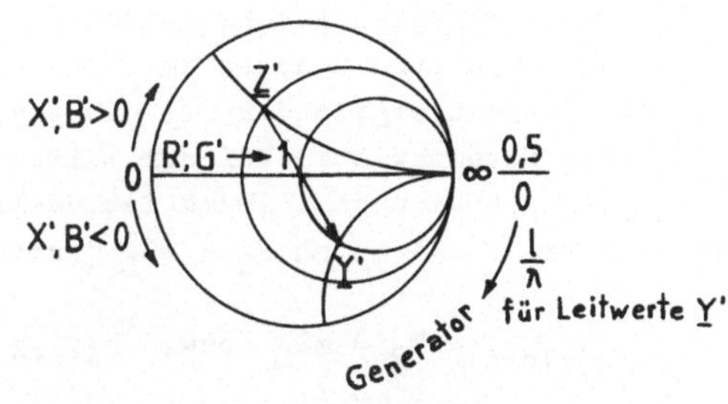

Bild 97   Inversion $\underline{Y}' = 1/\underline{Z}'$
im Smith-Diagramm

durch Spiegelung am Mittelpunkt $R' = 1$ auseinander hervor-
gehen.
Es ergibt sich beispielsweise

$$\underline{Z}' = 0{,}3 + j\,0{,}45 \longrightarrow \underline{Y}' = 1 - j\,1{,}5$$

(Bild 96). Die Spiegelung am Anpassungspunkt $R' = 1$ entspricht einer Drehung im Smith-Diagramm um $\pi = 180^{\circ}$, also
einer $\lambda/4$-Transformation. Die Zählung $1/\lambda$ für die Leitwerte
$\underline{Y}' = G' + jB'$ beginnt daher bei $u = 1$ im Uhrzeigersinn
(Bild 97).

4.7.4 Transformationseigenschaften von Leitungen

Für die Transformationen mit Leitungen im Zusammenhang mit
dem Smith-Diagramm gelten die folgenden wichtigen Sätze:

1. Sind der (auf Z_L) normierte Abschlußwiderstand $\underline{Z}_2'(1_o/\lambda,m)$
   einer Leitung und die Leitungslänge 1 bekannt, so ergibt
   sich der normierte Eingangswiderstand $\underline{Z}_{e1}'[(1_o+1)/\lambda,m]$
   durch Bewegung auf dem zugehörigen m-Kreis im Uhrzeiger-
   sinn um $1/\lambda$.

2. Sind die Größen $(1_o + 1)/\lambda$, m einer abgeschlossenen Leitung
bekannt, so ergibt sich der normierte Abschlußwiderstand
$\underline{Z}_2'(1_o/\lambda, m)$ durch Bewegung auf dem zugehörigen m-Kreis
<u>entgegen</u> dem Uhrzeigersinn um $1/\lambda$.

3. Die vom normierten Abschlußwiderstand $\underline{Z}_2'$ bis zum Punkt m
auf der negativen u-Achse im Uhrzeigersinn durchlaufene
$1/\lambda$-Differenz ergibt den Ort des <u>ersten Spannungsminimums</u>
(erstes Strommaximum) auf der Leitung.

Am Ort eines Spannungsminimums ist nämlich der Eingangswiderstand reell und durch $R_2 = mZ_L$ gegeben (vgl. 4.5.3):

$$R_{e1min} = R_2 = mZ_L \quad \text{bzw.} \quad R'_{e1min} = \frac{R_{e1min}}{Z_L} = m$$

Die von $\underline{Z}_2'$ bis zum Punkt s auf der positiven u-Achse im Uhrzeigersinn durchlaufene $1/\lambda$-Differenz ergibt den Ort des
ersten Spannungsmaximums (erstes Stromminimum) auf der Leitung, da dieses vom ersten Spannungsminimum den Abstand
$\lambda/4 \triangleq 180^o$ im Smith-Diagramm besitzt.

4. Die normierten Widerstandswerte von <u>Reaktanzleitungen</u>
können am Umfang des Smith-Diagramms abgelesen werden.

Am Umfang des Smith-Diagramms gilt nämlich $R' = 0$. Der normierte Widerstand einer Reaktanzleitung durchläuft die
Werte $0, \pm j, \infty$.

<u>**Übungsaufgaben zu Abschn. 4**</u> (Lösungen im Anhang):

<u>Beispiel 18</u>:   Eine verlustlose Leitung mit der Länge 40 cm, dem Wellenwiderstand 50 Ω und Polytetrafluoräthylen ("Teflon", ε_r = 2, μ_r = 1) als Dielektrikum ist mit dem Widerstand $\underline{Z}_2$ = (80 - j 40) Ω abgeschlossen. Die Betriebsfrequenz beträgt 300 MHz. Man ermittle mit Hilfe des Smith-Diagramms
a) den Eingangswiderstand,
b) den Anpassungs- und Welligkeitsfaktor,
c) den Last- und Eingangsreflexionsfaktor,
d) den Ort des ersten Spannungsminimums auf der Leitung.

<u>Beispiel 19</u>:   Auf einer verlustlosen Leitung mit dem Wellenwiderstand 60 Ω und ε_r = μ_r = 1 wird der Anpassungsfaktor m = 0,3 gemessen und im Abstand 9 cm vor dem Lastwiderstand ein Spannungsminimum festgestellt. Die Betriebsfrequenz beträgt 600 MHz. Man ermittle mit Hilfe des Smith-Diagramms
a) den Lastwiderstand,
b) den Lastreflexionsfaktor.

<u>Beispiel 20</u>:   Eine verlustlose Leitung mit dem Wellenwiderstand 50 Ω und ε_r = μ_r = 1 ist mit dem Widerstand $\underline{Z}_2$ = (25 + j 15) Ω abgeschlossen. Die Betriebsfrequenz beträgt 600 MHz. Durch Parallelschalten einer Stichleitung zur Übertragungsleitung soll Anpassung erzielt werden.
Man ermittle mit Hilfe des Smith-Diagramms
a) den lastnächsten Ort auf der Übertragungsleitung, an dem die Stichleitung eingeschaltet werden muß,
b) den Eingangsleitwert der Übertragungsleitung am Ort a), den Eingangsleitwert der Stichleitung und den Wert des Ersatzschaltelements der Stichleitung,
c) die Länge der Stichleitung.

Anhang

Weiterführende Bücher

[1] Fritzsche, G.: Theoretische Grundlagen der Nachrichtentechnik, Bd.1-2, München-Pullach 1973

[2] Rupprecht, W.: Netzwerksynthese, Berlin-Heidelberg-New York 1972

[3] Unbehauen, R.: Synthese elektrischer Netzwerke, München-Wien 1972

[4] Pregla, R./Schlosser, W.: Passive Netzwerke, Stuttgart 1972

[5] Feldtkeller, R.: Einführung in die Vierpoltheorie der elektrischen Nachrichtentechnik, 8. Aufl. Stuttgart 1962

[6] Marko, H.: Theorie linearer Zweipole, Vierpole und Mehrtore, Stuttgart 1971

[7] Freitag, H.: Einführung in die Zweitortheorie, 3. Aufl. Stuttgart 1984

[8] Fricke, H./Lamberts, K./Patzelt, E.: Grundlagen der elektrischen Nachrichtenübertragung, Stuttgart 1979

[9] Vaske, P.: Übertragungsverhalten elektrischer Netzwerke, 3. Aufl. Stuttgart 1983

[10] Zinke, O./Brunswig, H.: Lehrbuch der Hochfrequenztechnik, Bd.1, Berlin-Heidelberg-New York 1973

[11] Meinke, H.: Einführung in die Elektrotechnik höherer Frequenzen, Bd.1, Berlin-Heidelberg-New York 1965

[12] Rienecker, W.: Elektrische Filtertechnik, München-Wien 1981

[13] Paul, M.: Schaltungsanalyse mit s-Parameter, Heidelberg 1977

[14] Budak, A.: Passive and active Network Analysis and
     Synthesis, Boston 1974

[15] Weinberg, L.: Network Analysis and Synthesis, New
     York 1962

[16] Pfitzenmaier, G.: Tabellenbuch Tiefpässe, Berlin-
     München 1971

[17] Saal, R.: Handbuch zum Filterentwurf, Berlin-
     Frankfurt/Main 1979

[18] Herpy, M./Berka, J.-C.: Aktive RC-Filter, München 1984

[19] Schüßler, H.W.: Digitale Systeme zur Signalverarbei-
     tung, Berlin-Heidelberg-New York 1973

[20] Lacroix, A.: Digitale Filter, München-Wien 1980

Matrizen

Ein inhomogenes lineares Gleichungssystem, das auf der einen
Seite n bekannte Größen $y_1,\ldots,y_n$ und auf der anderen Seite
n unbekannte Größen $x_1,\ldots,x_n$ enthält, besitzt die Form

$$
\begin{aligned}
y_1 &= a_{11}x_1 + a_{12}x_2 + \cdots + a_{1n}x_n \\
y_2 &= a_{21}x_1 + a_{22}x_2 + \cdots + a_{2n}x_n \\
&\;\;\cdots\cdots\cdots\cdots\cdots\cdots\cdots\cdots \\
y_n &= a_{n1}x_1 + a_{n2}x_2 + \cdots + a_{nn}x_n
\end{aligned}
\tag{269}
$$

Die Koeffizienten a_{ik} $(i,k = 1,2,\ldots,n)$ in (269) sind beliebige reelle oder komplexe Zahlen. Das Gleichungssystem (269)
lautet in Matrizenform

$$
\begin{pmatrix} y_1 \\ y_2 \\ \vdots \\ y_n \end{pmatrix}
=
\begin{pmatrix}
a_{11} & a_{12} & \cdots & a_{1n} \\
a_{21} & a_{22} & \cdots & a_{2n} \\
\vdots & & \cdots & \vdots \\
a_{n1} & a_{n2} & \cdots & a_{nn}
\end{pmatrix}
\begin{pmatrix} x_1 \\ x_2 \\ \vdots \\ x_n \end{pmatrix}
\tag{270}
$$

bzw. in symbolischer Schreibweise

$$(y) = (a)(x) \qquad (271)$$

mit der <u>Matrix</u> (a) und den <u>Vektoren</u> (y) und (x). Die Zahlen a_{ik} in (270) werden als die Elemente der Matrix (a) bezeichnet und sind in Zeilen (Index i) und Spalten (Index k) angeordnet. Eine Matrix stellt ein Koeffizientenschema eines Gleichungssystems dar. Sie besitzt, im Gegensatz zu einer Determinante, keinen Zahlenwert. Die Matrix (a) gemäß (270) wird als <u>quadratisch</u> bezeichnet, da Zeilenzahl und Spaltenzahl gleich sind. (Andernfalls wird die Matrix als rechteckig bezeichnet). Eine quadratische Matrix wird als <u>singulär</u> bezeichnet, wenn ihre Determinante gleich Null ist, $\Delta a = 0$. Als <u>Einsmatrix</u> (<u>Einheitsmatrix</u>) wird die quadratische Matrix

$$(E) = \begin{pmatrix} 1 & 0 & \ldots & 0 \\ 0 & 1 & \ldots & 0 \\ \cdot & \cdot & \cdot & \cdot \\ 0 & 0 & \ldots & 1 \end{pmatrix} \qquad (272)$$

definiert.

Zwei Matrizen (a) und (b) können addiert werden, wenn beide Matrizen die gleiche Zeilenzahl m und die gleiche Spaltenzahl n besitzen. Man addiert dann die an gleichen Stellen stehenden Elemente. Z.B. gilt

$$\begin{pmatrix} a_{11} & a_{12} \\ a_{21} & a_{22} \end{pmatrix} + \begin{pmatrix} b_{11} & b_{12} \\ b_{21} & b_{22} \end{pmatrix} = \begin{pmatrix} a_{11}+b_{11} & a_{12}+b_{12} \\ a_{21}+b_{21} & a_{22}+b_{22} \end{pmatrix} \qquad (273)$$

Eine Matrix wird mit einer Zahl k (reell oder komplex) multipliziert, indem man jedes Element mit k multipliziert. Z.B. gilt

$$k \begin{pmatrix} a_{11} & a_{12} \\ a_{21} & a_{22} \end{pmatrix} = \begin{pmatrix} ka_{11} & ka_{12} \\ ka_{21} & ka_{22} \end{pmatrix} \qquad (274)$$

Zwei Matrizen können miteinander multipliziert werden, wenn die Zeilenzahl der einen Matrix gleich der Spaltenzahl der

anderen Matrix ist. Man "kombiniert" dann jede Zeile der
einen Matrix linear mit jeder Spalte der anderen Matrix.
Z.B. gilt

$$\begin{pmatrix} a_{11} & a_{12} \\ a_{21} & a_{22} \end{pmatrix} \begin{pmatrix} b_{11} & b_{12} \\ b_{21} & b_{22} \end{pmatrix} = \begin{pmatrix} a_{11}b_{11}+a_{12}b_{21} & a_{11}b_{12}+a_{12}b_{22} \\ a_{21}b_{11}+a_{22}b_{21} & a_{21}b_{12}+a_{22}b_{22} \end{pmatrix} \qquad (275)$$

Das Matrizenprodukt ist im allgemeinen <u>nicht kommutativ</u>,
d.h. die Faktoren sind nicht miteinander vertauschbar:

$$(a)(b) \neq (b)(a) \qquad (276)$$

Dagegen gilt das assoziative Gesetz:

$$[(a)(b)](c) = (a)[(b)(c)] \qquad (277)$$

Die zu einer quadratischen Matrix (a) <u>inverse (reziproke)</u>
<u>Matrix</u> $(a)^{-1}$ ist definiert durch

$$(a)^{-1}(a) = (a)(a)^{-1} = (E) \qquad (278)$$

Für z.B. eine zweireihige Matrix gilt

$$(a)(c) = (E)$$

oder ausführlich

$$\begin{pmatrix} a_{11} & a_{12} \\ a_{21} & a_{22} \end{pmatrix} \begin{pmatrix} c_{11} & c_{12} \\ c_{21} & c_{22} \end{pmatrix} = \begin{pmatrix} 1 & 0 \\ 0 & 1 \end{pmatrix}$$

Die Elemente c_{ik} der Matrix $(c) \equiv (a)^{-1}$ können mit Hilfe der
Cramerschen Regel der Determinantenrechnung ermittelt werden. Dann ergibt sich

$$(a)^{-1} = \frac{1}{\Delta a} \begin{pmatrix} a_{22} & -a_{12} \\ -a_{21} & a_{11} \end{pmatrix} \qquad (279)$$

mit der Determinante

$$\Delta a = \begin{vmatrix} a_{11} & a_{12} \\ a_{21} & a_{22} \end{vmatrix} = a_{11}a_{22} - a_{12}a_{21} \qquad (280)$$

Hierbei ist vorausgesetzt, daß $\Delta a \neq 0$ gilt, die Matrix also
nicht singulär ist.

<u>Lösungen zu den Übungsaufgaben</u>

<u>Beispiel 6</u>: a)

$$(\underline{A}) = (\underline{A}_1)(\underline{A}_2) = \begin{pmatrix} 0 & R_{g1} \\ 1/R_{g1} & 0 \end{pmatrix} \begin{pmatrix} 0 & R_{g2} \\ 1/R_{g2} & 0 \end{pmatrix}$$

$$= \begin{pmatrix} R_{g1}/R_{g2} & 0 \\ 0 & R_{g2}/R_{g1} \end{pmatrix} = \begin{pmatrix} ü & 0 \\ 0 & 1/ü \end{pmatrix}$$

d.i. ein idealer Übertrager mit dem Übersetzungsverhältnis $ü = R_{g1}/R_{g2}$.

b)

$$(\underline{A}) = (\underline{A}_1)(\underline{A}_2)(\underline{A}_3) = \begin{pmatrix} 0 & R_g \\ 1/R_g & 0 \end{pmatrix} \begin{pmatrix} 1 & 0 \\ j\omega C & 1 \end{pmatrix} \begin{pmatrix} 0 & R_g \\ 1/R_g & 0 \end{pmatrix}$$

$$= \begin{pmatrix} 1 & R_g^2 j\omega C \\ 0 & 1 \end{pmatrix} = \begin{pmatrix} 1 & \underline{Z} \\ 0 & 1 \end{pmatrix}$$

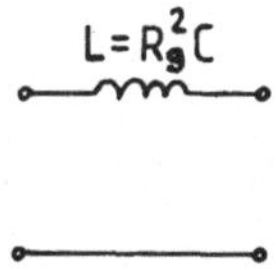

also $\underline{Z} = R_g^2 j\omega C = j\omega L$, d.i. die "hochliegende", d.h. erdfreie Induktivität $L = R_g^2 C$
Bild 98.

Bild 98   Erdfreie Induktivität

<u>Beispiel 7</u>: a) Es liegt ein widerstandssymmetrisches Π-Glied mit $\underline{Z}_1 = \underline{Z}_3 = 1/j\omega C$, $\underline{Z}_2 = j\omega L$ vor. Aus der Matrix (54) folgt dann

$$(\underline{A}) = \begin{pmatrix} 1 - \omega^2 LC & j\omega L \\ j\omega C(2 - \omega^2 LC) & 1 - \omega^2 LC \end{pmatrix} = \begin{pmatrix} -2,948 & j314,2\,\Omega \\ -j24,48\ mS & -2,948 \end{pmatrix}$$

b) Wir setzen in den Gln. (70) und (78) $\underline{Z}_1 = \underline{Z}_2 = R$, $\underline{A}_{11} = \underline{A}_{22}$:

$$\underline{H}_B = e^{-\underline{g}_B} = \frac{\underline{U}_2}{\underline{U}_0/2} = \frac{2}{2\underline{A}_{11} + \underline{A}_{12}/R + \underline{A}_{21}R}$$

$$= -0,13\ e^{-j67,4^\circ} = 0,13\ e^{j112,6^\circ}$$

$(-1 = e^{j\pi})$.

c) $\quad \underline{g}_B = -\ln \underline{H}_B = -20\ \lg 0,13 - j112,6^\circ = 17,7 - j112,6^\circ$

also $\quad a_B = 17,7$ dB, $b_B = -112,6^\circ$.

Beispiel 8: Wegen des Fehlersatzes (s. 4.5.1) gilt:

$$\underline{S}'_{11} = \underline{S}_{11}e^{-j2\beta l} \quad \text{bzw.} \quad \underline{S}_{11} = \underline{S}'_{11}e^{j2\beta l}$$

$$\lambda = \frac{\lambda_0}{\sqrt{\varepsilon_r}} = \frac{c}{f\sqrt{\varepsilon_r}} = \frac{3 \cdot 10^8\ \text{m/s}}{1,2 \cdot 10^9\ \frac{1}{s}\sqrt{2,4}} = 16,14\ \text{cm}$$

$$2\beta l = \frac{4\pi l}{\lambda} = \frac{2 \cdot 360^\circ \cdot 1,5}{16,14} = 67^\circ$$

Dann folgt

$$\underline{S}_{11} = 0,35\ e^{-j110^\circ}$$

$$\underline{S}_{12} = \underline{S}'_{12}e^{j2\beta l} = 0,1\ e^{j95^\circ}$$

$$\underline{S}_{21} = \underline{S}'_{21}e^{j2\beta l} = 2,8\ e^{j83^\circ}$$

$$\underline{S}_{22} = \underline{S}'_{22}e^{j2\beta l} = 0,46\ e^{j45^\circ}$$

Beispiel 14:

Schaltung α: a) Der Übertragungsfaktor ist

$$\underline{H}(j\omega) = \frac{\underline{U}_2}{\underline{U}_1} = \frac{R}{R + 1/j\omega C} = \frac{j\omega T}{j\omega T + 1}$$

mit der Zeitkonstante $T = RC$. Die Übertragungsfunktion ist also $(j\omega \longrightarrow s)$

$$\underline{H}(s) = \frac{sT}{sT + 1}$$

b) Ein Pol folgt aus

$$s_x T + 1 = 0, \quad \text{also} \quad s_x = -1/T$$

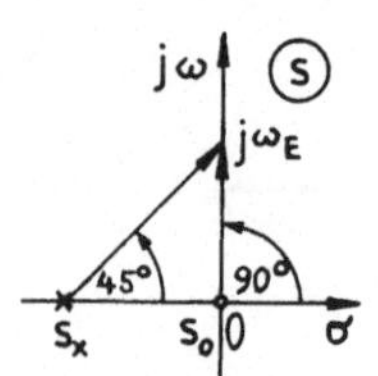

Bild 99 PN-Plan
von $\underline{H}(s)$

und eine Nullstelle aus
$$s_o T = 0, \text{ also } s_o = 0.$$
c) Die Eckkreisfrequenz ist
$$\omega_E = |s_x| = 1/T.$$
Es ergibt sich der PN-Plan Bild 99.
Die Nullstelle $s_o = 0$ im Ursprung liefert als Beitrag zur Verstärkung $v(\omega)$
wieder eine Asymptote mit der Steigung
20 dB/Dekade, die jedoch die Frequenzachse <u>schneidet</u>, und zwar gilt für ih-
ren Schnittpunkt ω_T mit der Frequenzachse = 0 dB-Linie
$$v_o(\omega_T) = 20 \lg |j\omega_T T| = 20 \lg(\omega_T T) = 0$$
also $\omega_T T = 1$ bzw. $\omega_T = 1/T = \omega_E$. ω_T wird als die <u>Durch-</u>
<u>trittskreisfrequenz</u> bezeichnet.

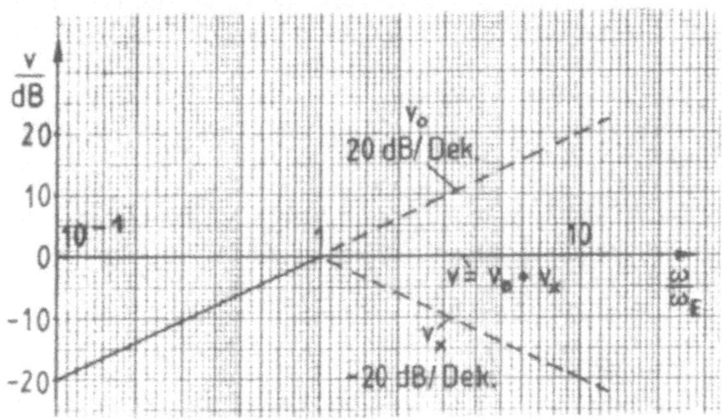

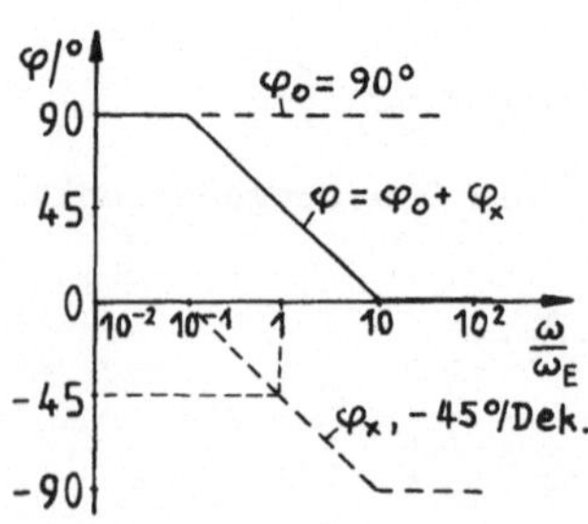

Bild 100 Bode-Diagramme
der Schaltung α

Beitrag der Nullstelle $s_o = 0$ zur Phase $\varphi(\omega)$: Die Phase beträgt für alle Frequenzen konstant $\varphi_o(\omega) = 90^o$ (s. PN-Plan Bild 99). In den Bode-Diagrammen Bild 100 ergeben sich die resultierenden Verläufe $v(\omega)$ und $\varphi(\omega)$ in einfacher Weise durch grafische Addition der Einzelverläufe. Es liegt ein $\underline{\text{RC-Hochpaß}}$ vor.

Schaltung ß: a) Für die gegebene $\underline{\text{Brückenschaltung}}$ ($\underline{\text{X-Schaltung}}$) folgt aus Bild 101 a:

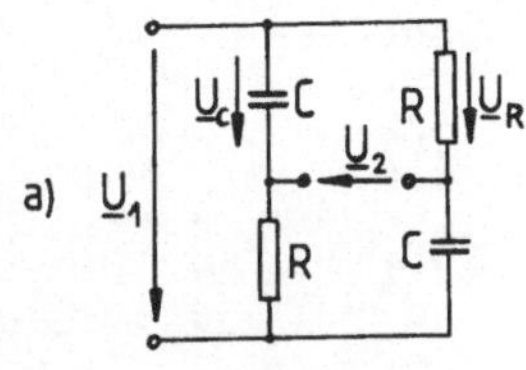

$$\underline{U}_2 = \underline{U}_C - \underline{U}_R$$

$$= \frac{1/j\omega C}{R + 1/j\omega C}\,\underline{U}_1 - \frac{R}{R + 1/j\omega C}\,\underline{U}_1$$

$$\underline{H}(j\omega) = \frac{\underline{U}_2}{\underline{U}_1} = \frac{1 - j\omega RC}{1 + j\omega RC}$$

$$\underline{H}(s) = \frac{1 - sRC}{1 + sRC}$$

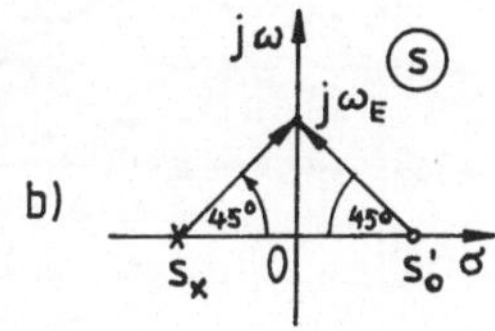

b) Ein Pol folgt aus

$$1 + s_x RC = 0$$

also $s_x = -1/RC$, und eine Nullstelle aus

$$1 - s_o' RC = 0$$

also $s_o' = 1/RC$.

Es ergibt sich der PN-Plan Bild 101 b.

c) Die Eckkreisfrequenz ist

Bild 101 Brückenschaltung und zugehöriger PN-Plan

$$\omega_E = |s_x| = |s_o'| = 1/RC$$

Man erhält die Bode-Diagramme Bild 102. Aus dem Bode-Diagramm der Verstärkung Bild 102 oben folgt, daß $v(\omega) = 0$ bzw. $\underline{a(\omega) = 0}$ ist. Es liegt ein $\underline{\text{RC-Allpaß 1.Grades}}$ ($\underline{\text{ein}}$ Schaltelement in jedem Brückenzweig) vor.

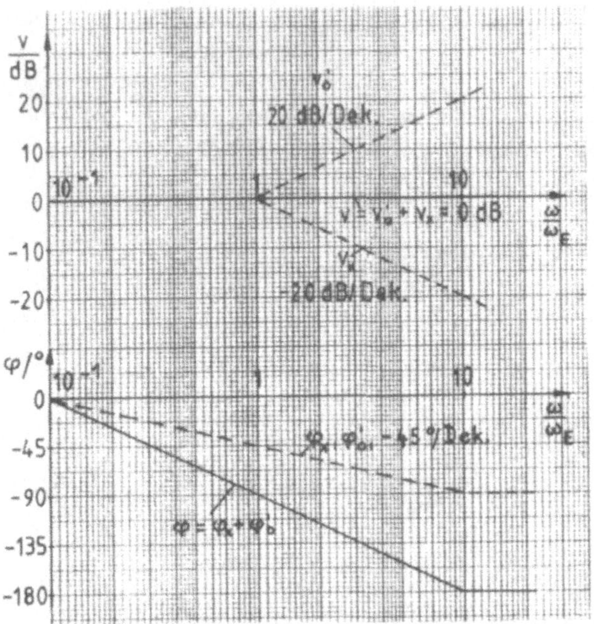

Bild 102   Bode-Diagramme der Schaltung ß

<u>Beispiel 15</u>:

a) $\qquad a_{Emin} = 14 \text{ dB} = -20 \lg \varrho_{max}$

$\qquad \varrho_{max} = 10^{-0,7} = 19,95 \%$

$\qquad a_{Bmax} = -10 \lg(1 - \varrho_{max}^2) = 0,1764 \text{ dB}$

b) $\quad f_B = f_g = 100 \text{ kHz}, \quad \Omega_S = f_S/f_B = 193/100 = 1,93$

$a_S = 34$ dB: Aus der Tabelle Tafel 8 folgt n = 5.

$a_S = 34$ dB wird bereits bei $\Omega_S = 1,8721$, $f_S = 1,8721 \cdot f_B$ = 187,21 kHz erreicht. Bei $f_S = 193$ kHz ($\Omega_S = 1,93$) beträgt dann $a_S = 35,55$ dB (lineare Interpolation). Die bei der Gradwahl sich ergebende Dämpfungsreserve wurde also im SB zur Vergrößerung der Sperrdämpfung a_S verwendet.

Normierung: $r_1 = r_2 = 1$,
Tafel 8:

$$a_1 = a_5 = 1,300426$$
$$a_2 = a_4 = 1,345877$$
$$a_3 = 2,127107$$

Schaltskizze s. Bild 103.

Entnormierung: Wegen
$$R_1 = R_2 = R_B = 150\,\Omega,$$
$$L_B = R_B/2\pi f_B = 238,73\ \mu H, \quad C_B = 1/2\pi f_B R_B = 10,61\ nF$$

folgt:
$$C_1 = C_5 = a_1 C_B = 13,8\ nF,$$
$$L_2 = L_4 = a_2 L_B = 321,3\ \mu H,$$
$$C_3 = a_3 C_B = 22,57\ nF.$$

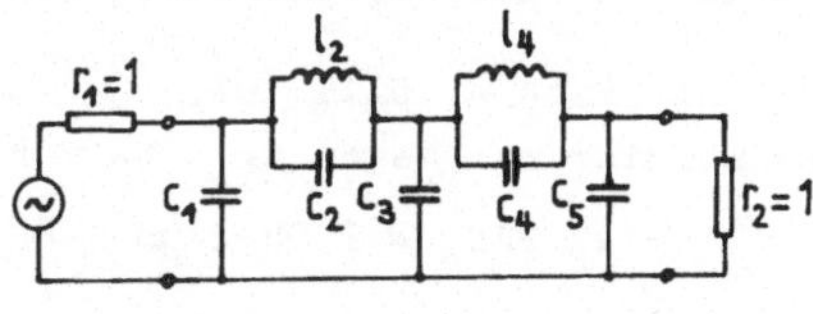

Bild 103 Tschebyscheff-Tiefpaß

Beispiel 16: a) $\varrho_{max} = 0,2$

$$a_D = -10\ \lg(1 - \varrho_{max}^2) = 0,1773\ dB$$

$$a_{Emin} = -20\ \lg \varrho_{max} = 13,98\ dB$$

b) $\quad f_B = f_g = 10$ MHz, $\Omega_S = f_S/f_B = 15/10 = 1,5$

$\sin\Theta = 1/\Omega_S = 1/1,5$, $\Theta = 41,8°$

$a_S = 45$ dB: Aus der Tabelle Tafel 9 folgt n = 5.

Normierung: $r_1 = r_2 = 1$, Tafel 9 für $\Theta = 42°$:

$$c_1 = 1,177872 \quad l_2 = 1,194863 \quad c_2 = 0,155315$$
$$c_3 = 1,757836 \quad l_4 = 0,933347 \quad c_4 = 0,445098$$
$$c_5 = 0,961868$$

$$\Omega_{\infty 2} = 2,321314$$
$$\Omega_{\infty 4} = 1,551495$$

Schaltskizze s. Bild 104.

Entnormierung: Wegen
$$R_1 = R_2 = R_B = 50\,\Omega,$$
$$L_B = R_B/2\pi f_B = 795,775\ nH,$$
$$C_B = 1/2\pi f_B R_B = 318,31\ pF$$

Bild 104 Cauer-Tiefpaß

folgt:
$$C_1 = c_1 C_B = 374,9\ pF$$
$$C_3 = c_3 C_B = 559,5\ pF$$
$$C_5 = c_5 C_B = 306,2\ pF$$

$$L_2 = l_2 L_B = 950,8 \text{ nH} \qquad C_2 = c_2 C_B = 49,4 \text{ pF}$$
$$L_4 = l_4 L_B = 742,7 \text{ nH} \qquad C_4 = c_4 C_B = 141,7 \text{ pF}$$

$$f_{\infty 2} = \Omega_{\infty 2} f_B = 23,21314 \text{ MHz}$$
$$f_{\infty 4} = \Omega_{\infty 4} f_B = 15,51495 \text{ MHz.}$$

Beispiel 17:

$$f_B = \sqrt{f_g f_{-g}} = \sqrt{4,025 \cdot 3,9752} \text{ MHz} = 4 \text{ MHz}$$

$$B = \frac{f_g - f_{-g}}{f_B} = \frac{4,025 - 3,9752}{4} = 1,245 \cdot 10^{-2}$$

$$f_S f_{-S} = f_B^2 \ , \quad f_{-S} = \frac{f_B^2}{f_S} = \frac{16}{4,078} \text{ MHz} = 3,9235 \text{ MHz}$$

$$\Omega_S = \frac{1}{B}(\tilde{\Omega}_S - \tilde{\Omega}_{-S}) = \frac{1}{B}\left(\frac{f_S}{f_B} - \frac{f_{-S}}{f_B}\right) = 3,1024$$

$a_S = 26$ dB: Aus der Tabelle Tafel 8 folgt: n = 3,
$a_1 = a_3 = 1,187978$, $a_2 = 1,154234$

Normierung: $r_1 = r_2 = 1$,
wegen (174) gilt:
$$l_1 = l_3 = B/a_1$$
$$= 1,047999 \cdot 10^{-2}$$
$$c_1 = c_3 = a_1/B$$
$$= 95,41992$$
$$l_2 = a_2/B = 92,70956$$
$$c_2 = B/a_2$$
$$= 1,078637 \cdot 10^{-2}$$

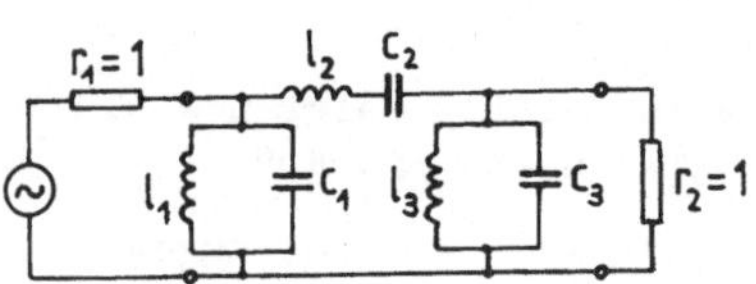

Bild 105   Tschebyscheff-Bandpaß

Schaltskizze s. Bild 105.
Entnormierung: Wegen $R_1 = R_2 = R_B = 75\,\Omega$,

$$L_B = R_B/2\pi f_B = 2,9842 \text{ µH}, \quad C_B = 1/2\pi f_B R_B = 530,52 \text{ pF}$$

folgt:

$$L_1 = L_3 = l_1 L_B = 31,3 \text{ nH}$$
$$C_1 = C_3 = c_1 C_B = 50,62 \text{ nF}$$
$$L_2 = l_2 L_B = 276,66 \text{ µH}$$
$$C_2 = c_2 C_B = 5,7 \text{ pF.}$$

<u>Beispiel 18</u>: a) Wir suchen im Smith-Diagramm Bild 106 auf:

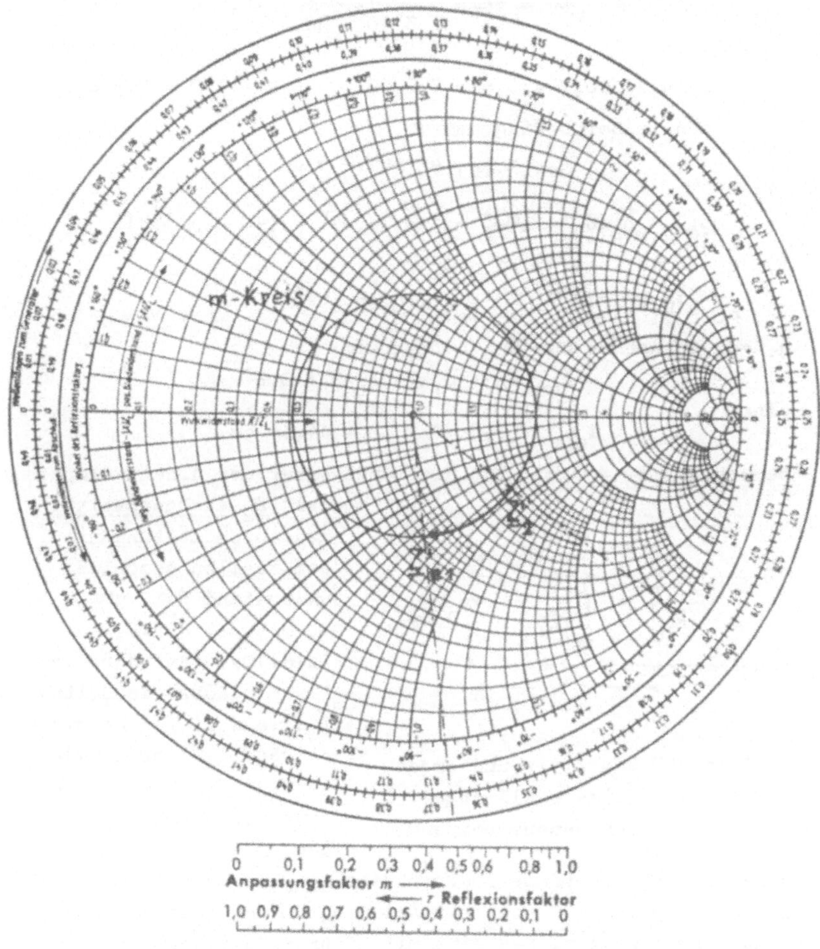

Bild 106   Smith-Diagramm zu Beispiel 18

$$\underline{Z}_2' = \frac{Z_2}{Z_L} = \frac{80 - j\,40}{50} = 1,6 - j\,0,8\ ,\quad l_0/\lambda = 0,3$$

Die Wellenlänge ist

$$\lambda = \frac{\lambda_0}{\sqrt{\varepsilon_r}} = \frac{c}{f\sqrt{\varepsilon_r}} = \frac{3 \cdot 10^8 \ \text{m/s}}{3 \cdot 10^8 \ \frac{1}{s}\sqrt{2}} = 70,7 \ \text{cm}$$

also
$$1/\lambda = 40/70,7 = 0,566 \triangleq 0,066, \quad l_0/\lambda + 1/\lambda = 0,366$$

Wir lesen im Smith-Diagramm ab:
$$\underline{Z}'_{e1} = \underline{Z}_{e1}/Z_L = 0,8 - j\,0,7$$

also
$$\underline{Z}_{e1} = \underline{Z}'_{e1}Z_L = (0,8 - j\,0,7)50\,\Omega = (40 - j\,35)\,\Omega$$

b) $m = 0,46$, $s = 1/m = 2,17$

c) $\underline{r}_0 = 0,37\ e^{-j36^\circ}$, $\underline{r}_{e1} = 0,37\ e^{-j84^\circ}$

d) Wir entnehmen dem Smith-Diagramm:
$$l_{min}/\lambda = 0,5 - l_0/\lambda = 0,2$$

also
$$l_{min} = 0,2 \cdot 70,7 \ \text{cm} = 14,14 \ \text{cm}.$$

Bemerkung: $l_0 = 0,3\lambda$ ist die Länge einer der Abschlußimpedanz $\underline{Z}_2$ <u>nachgeschaltet</u> gedachten Leitung mit dem reellen Abschlußwiderstand $R_2 = mZ_L = 0,46 \cdot 50\,\Omega = 23\,\Omega$, s. Bild 107. (Auf der negativen u-Achse im Smith-Diagramm liegen normierte <u>reelle</u> Widerstandswerte). Man kann daher eine mit einer kapazitiven Impedanz abgeschlossene Leitung der Länge l durch eine <u>reell</u> abgeschlossene

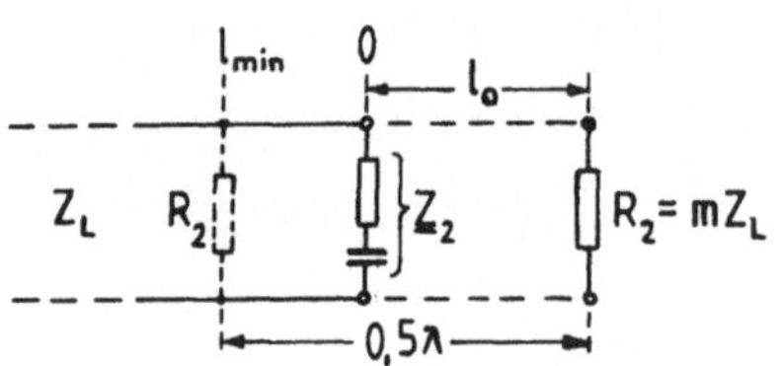

Bild 107 Kapazitiv und ersatzweise reell abgeschlossene Leitung

Leitung der Länge $l + l_0$ mit $\lambda/4 < l_0 < \lambda/2$ ersetzen. Man kann ebenso zeigen, daß eine mit einer induktiven Impedanz abgeschlossene Leitung der Länge l durch eine reell abgeschlossene Leitung der Länge $l + l_0$ mit $l_0 < \lambda/4$ ersetzt werden kann.

<u>Beispiel 19</u>: a) Die Wellenlänge ist

$$\lambda = \lambda_o = \frac{c}{f} = \frac{3 \cdot 10^8 \ m/s}{6 \cdot 10^8 \ \frac{1}{s}} = 50 \ cm$$

also

$$l_o/\lambda = 9/50 = 0,18$$

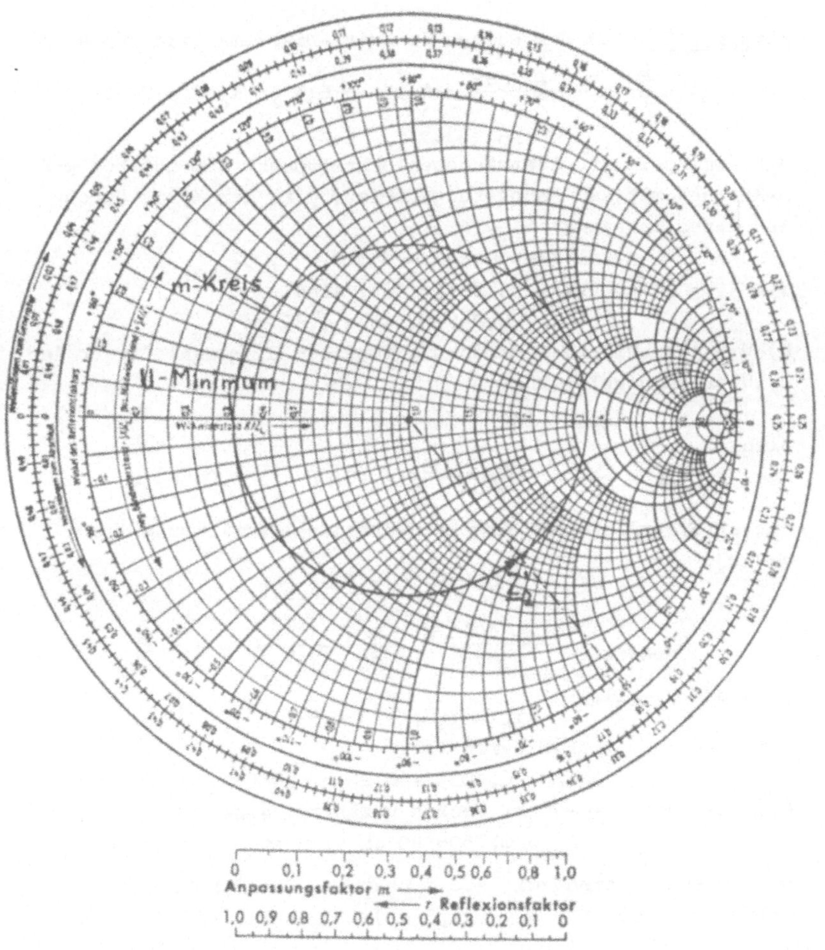

Bild 108 Smith-Diagramm zu Beispiel 19

Wir lesen im Smith-Diagramm Bild 108 für m = 0,3 ab:
$$\underline{Z}_2' = \underline{Z}_2/Z_L = 1,17 - j\ 1,36$$
also
$$\underline{Z}_2 = \underline{Z}_2' Z_L = (1,17 - j\ 1,36)60\,\Omega = (70 - j\ 82)\,\Omega$$

b) $\underline{r}_o = 0,54\ e^{-j50°}$

<u>Beispiel 20</u>: a) Wir suchen im Smith-Diagramm Bild 109 auf:
$$\underline{Z}_2' = \frac{\underline{Z}_2}{Z_L} = \frac{25 + j\ 15}{50} = 0,5 + j\ 0,3\ ,\quad l_o/\lambda = 0,307$$
$$\underline{Y}_2' = 1,5 - j\ 0,87$$

Wir ermitteln den lastnächsten Schnittpunkt des zugehörigen
m-Kreises mit dem "Anpassungskreis", d.i. der Kreis durch
den Anpassungspunkt R' = 1:
$$l_1/\lambda = 0,344 - 0,307 = 0,037$$
$\lambda = \lambda_o = 50$ cm (vgl. Beispiel 19), also
$$l_1 = 0,037 \cdot 50\ \text{cm} = 1,85\ \text{cm}$$

b) Wir entnehmen dem Smith-Diagramm den Eingangsleitwert der
   Übertragungsleitung:
$$\underline{Y}_{e1}' = \underline{Y}_{e1} Z_L = 1 - j\ 0,82$$
also
$$\underline{Y}_{e1} = \frac{\underline{Y}_{e1}'}{Z_L} = \frac{1 - j\ 0,82}{50\,\Omega} = (0,02 - j\ 0,0164)\ \text{S}$$

Der erforderliche Eingangsleitwert der Stichleitung ist
daher
$$\underline{Y}_k = j\ 0,0164\ \text{S} = j\omega C_{\text{ersatz}}$$

$$C_{\text{ersatz}} = \frac{1,64 \cdot 10^{-2}\ \text{S}}{\omega} = \frac{1,64 \cdot 10^{-2}\ \text{S}}{2\pi \cdot 6 \cdot 10^{8}\ \frac{1}{\text{s}}} = 4,4\ \text{pF}$$

c) Gemäß b) gilt
$$\underline{Y}_k' = \underline{Y}_k Z_L = j\ 0,82$$
Wir lesen im Smith-Diagramm ab:
$$l_k/\lambda = 0,1095 + 0,25 = 0,3595$$
(vom Leitwert- ∞ -Punkt rechts gezählt), also
$$l_k = 0,3595 \cdot 50\ \text{cm} = 18\ \text{cm}.$$

Das Ergebnis stimmt mit 4.6.1 überein: Die Stichleitung
wirkt kapazitiv für $\lambda/4$ (12,5 cm) $< l_k < \lambda/2$ (25 cm).

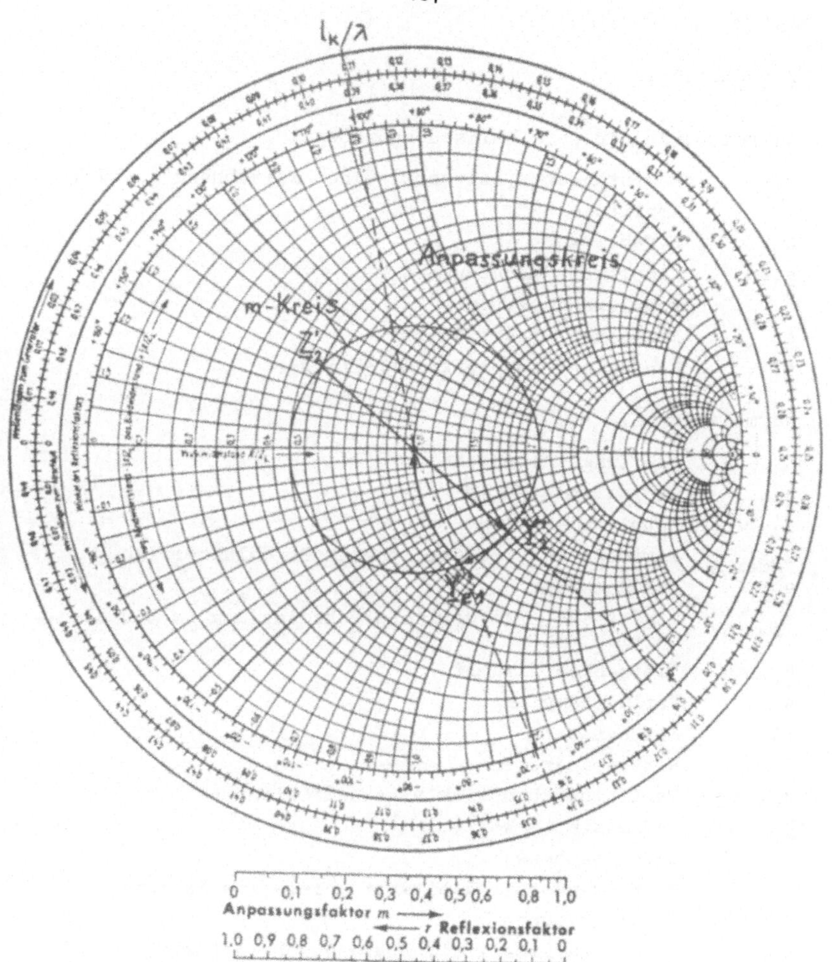

Bild 109 Smith-Diagramm zu Beispiel 20

Formelzeichen

Schreibweise der physikalischen Größen:

$a(t)$	Momentanwert (Zeitwert) einer zeitabhängigen Größe
$\hat{A}$	Amplitude
A	Effektivwert
$\underline{a}(t)$	komplexer Momentanwert
$\underline{\hat{A}}$	komplexe Amplitude
$\underline{A}$	komplexer Effektivwert
$\underline{A}^{*}$	konjugiert komplexer Effektivwert

Formelzeichen:

a	Dämpfung, allgemein
$\underline{a}$	einfallende Welle
a_{B}	Betriebsdämpfung
a_{Bmax}	maximale Betriebsdämpfung im Durchlaßbereich
a_{E}	Echodämpfung
a_{Emin}	mindestens erforderliche Echodämpfung im Durchlaßbereich
a_{i}	Tiefpaßkoeffizient
a_{v}	Verlustdämpfung
$(\underline{A})$	Kettenmatrix
$\underline{A}_{ik}$	Kettenparameter
A_{ν}, A'_{ν}	Partialbruchentwicklungskoeffizienten
$\underline{b}$	reflektierte Welle
b_{B}	Betriebsphase
B	Suszeptanz (Blindleitwert), relative Bandbreite
$\underline{B}_{n}(p)$	Bessel-Polynom
c	normierte Kapazität, Phasengeschwindigkeit im Vakuum
C	Kapazität
C'	Kapazitätsbelag
C_{B}	Bezugskapazität
$\underline{D}_{B}$	Betriebsdämpfungsfaktor
$\underline{D}_{B}(p)$	Betriebsdämpfungsfunktion
f	Frequenz

f_A	Abtastfrequenz
f_B	Bezugsfrequenz
f_g	Grenzfrequenz
$\underline{g}_B$	Betriebsdämpfungsmaß
$\underline{g}_W$	Wellendämpfungsmaß
G	Wirkleitwert
G'	Ableitungsbelag
G_g	Gyrationsleitwert
$(\underline{h})$	Hybridmatrix
$\underline{h}_{ik}$	Hybridparameter
$\underline{H}(j\omega)$	Übertragungsfaktor
$\underline{H}(s)$	analoge Übertragungsfunktion (Systemfunktion)
$\tilde{\underline{H}}(z)$	digitale Übertragungsfunktion
$\underline{H}_B$	Betriebsübertragungsfaktor (Transmittanz)
$\underline{H}_B(p)$	Betriebsübertragungsfunktion
$\underline{H}_i$	Stromübertragungsfaktor
$\underline{H}_u$	Spannungsübertragungsfaktor
$i(t)$	Momentanwert des Stromes
$\underline{I}$	komplexer Effektivwert des Stromes
$\underline{I}_o$	Quellenstrom
j	imaginäre Einheit ($j^2 = -1$)
$\underline{K}(j\Omega)$	charakteristische Funktion
l	normierte Induktivität, Ortskoordinate ab Leitungsende
L	Induktivität
L'	Induktivitätsbelag
L_B	Bezugsinduktivität
m	Anpassungsfaktor
N	Windungszahl
$\underline{N}$	komplexe Leistung
$p = \Sigma + j\Omega$	normierte komplexe Frequenz
P	Wirkleistung
P_{max}	verfügbare Generatorwirkleistung
$\underline{P}_n(p)$	Butterworth-Polynom
Q_P	Polgüte
r	normierter Wirkwiderstand, Reflexionsfaktorbetrag

$\underline{r}_{e1} \equiv \underline{r}$	Eingangsreflexionsfaktor
$\underline{r}_o$	Lastreflexionsfaktor
R	Wirkwiderstand
R'	Widerstandsbelag
R_B	Bezugswiderstand
R_g	Gyrationswiderstand
R_o	Dualitätsinvariante
$s = \sigma + j\omega$	komplexe Frequenz
s	Welligkeitsfaktor
$s_{o\mu}$	Nullstellen von $\underline{H}(s)$
$s_{x\nu}$	Pole von $\underline{H}(s)$
$(\underline{S})$	Streumatrix
$\underline{S}_{ik}$	Streuparameter
t	Zeit
t_g	Gruppenlaufzeit
t_p	Phasenlaufzeit
T	Zeitkonstante
T_A	Abtastperiodendauer
T_g	normierte Gruppenlaufzeit
$T_n(\Omega)$	Tschebyscheff-Polynom
$u(t)$	Momentanwert der Spannung
$\underline{U}$	komplexer Effektivwert der Spannung
$\underline{U}_o, \underline{U}_G$	Quellen- (Generator-)Spannung
$\underline{U}_h$	Effektivwert der einfallenden (hinlaufenden) Spannungswelle
$\underline{U}_r$	Effektivwert der reflektierten Spannungswelle
$\ddot{u}$	Übersetzungsverhältnis
v	Verstärkung, Phasengeschwindigkeit
X	Reaktanz (Blindleitwert)
$\underline{Y}$	Admittanz (komplexer Leitwert)
$(\underline{Y})$	Leitwertmatrix
$\underline{Y}_{e1}$	Eingangsleitwert
$\underline{Y}_{ik}$	Leitwertparameter
$\underline{Y}_1$	Generatorinnenleitwert
$\underline{Y}_2$	Lastleitwert
$\underline{Z}$	Impedanz (komplexer Widerstand)

$(\underline{Z})$	Widerstandsmatrix
$\underline{Z}_{e1}$	Eingangswiderstand
$\underline{Z}_{e2}$	Ausgangswiderstand
$\underline{Z}_{ik}$	Widerstandsparameter
$\underline{Z}_k$	Eingangswiderstand der kurzgeschlossenen Leitung
$\underline{Z}_l$	Eingangswiderstand der offenen Leitung
$\underline{Z}_L$	Leitungswellenwiderstand
$\underline{Z}_1$	Generatorinnenwiderstand
$\underline{Z}_2$	Lastwiderstand
α	Dämpfungskoeffizient
α_G	Ableitungsdämpfung
α_R	Widerstandsdämpfung
α_ν	Kettenbruchentwicklungskoeffizient
β	Phasenkoeffizient
β_ν	Kettenbruchentwicklungskoeffizient
$\gamma = \alpha + j\beta$	Ausbreitungskoeffizient
Δ	Determinante
ε	Parameter der Tschebyscheff-Approximation
ε_o	elektrische Feldkonstante
ε_r	Permittivitätszahl
Θ	Modulwinkel
λ	Wellenlänge
λ_o	Vakuumwellenlänge
μ_o	magnetische Feldkonstante
μ_r	Permeabilitätszahl
ϱ	Reflexionsfaktor
$\underline{\varrho}(p)$	Reflexionsfunktion
ϱ_{max}	maximal zugelassener Reflexionsfaktor im Durchlaßbereich
$\sigma(t)$	Sprungfunktion
φ	Phasenwinkel
ω	Kreisfrequenz
ω_A	Abtastkreisfrequenz
ω_B	Bezugskreisfrequenz
ω_g	Grenzkreisfrequenz

ω_E	Eckkreisfrequenz
ω_P	Polfrequenz
Ω	normierte Frequenz, speziell des Tiefpasses
$\tilde{\Omega}$	normierte Frequenz des Hochpasses bzw. des Bandpasses
Ω_A	normierte Abtastfrequenz
Ω_∞	normierte Dämpfungspolfrequenz

Sachverzeichnis

Teubner Studienskripten Elektrotechnik

v. Münch,   Werkstoffe der Elektrotechnik
               5., überarbeitete Aufl. 254 Seiten. DM 18,80

Oberg,   Berechnung nichtlinearer Schaltungen
               für die Nachrichtenübertragung
               168 Seiten. DM 15,80

Pinske,   Elektrische Energieerzeugung
               127 Seiten. DM 14,80

Pregla/Schlosser, Passive Netzwerke
               Analyse und Synthese
               198 Seiten. DM 15,80

Römisch,   Berechnung von Verstärkerschaltungen
               2., durchgesehene Aufl. 192 Seiten. DM 15,80

Schaller/Nüchel, Nachrichtenverarbeitung

               Band 1 Digitale Schaltkreise
               2., neubearbeitete Aufl. 168 Seiten. DM 15,80

               Band 2 Entwurf digitaler Schaltwerke
               3., überarbeitete und erweiterte Auflage
               191 Seiten. DM 16,80

               Band 3 Entwurf von Schaltwerken
               mit Mikroprozessoren
               2., neubearbeitete und erweiterte Auflage.
               173 Seiten. DM 15,80

Schlachetzki, Halbleiterbauelemente der Hochfrequenztechnik
               280 Seiten. DM 19,80

Schlachetzki/v. Münch, Integrierte Schaltungen
               255 Seiten. DM 18,80

Schmidt,   Digitalelektronisches Praktikum
               2., durchgesehene Aufl. 238 Seiten. DM 15,80

Scholze,   Einführung in die Mikrocomputertechnik
               320 Seiten. DM 19,80

Schymroch,   Hochspannungs-Gleichstrom-Übertragung
               127 Seiten. DM 14,80

Seinsch,   Grundlagen elektr. Maschinen und Antriebe
               230 Seiten. DM 17,80

Strassacker,   Rotation, Divergenz und das Drumherum
               XII, 227 Seiten. DM 18,80

Thiel,   Elektrisches Messen nichtelektrischer Größen
               2. überarbeitete und erweiterte Auflage
               244 Seiten. DM 18,80

Ulbricht,   Netzwerkanalyse, Netzwerksynthese und Leitungstheorie
               175 Seiten. DM 15,80

Unger,   Hochfrequenztechnik in Funk und Radar
               2., neubearbeitete und erweiterte Auflage
               233 Seiten. DM 18,80

Vaske,   Berechnung von Drehstromschaltungen
               2., überarbeitete Aufl. 180 Seiten. DM 15,80

Vaske,   Berechnung von Gleichstromschaltungen
               4., durchgesehene Aufl. 132 Seiten. DM 14,80

Vaske,   Berechnung von Wechselstromschaltungen
               3., durchgesehene Aufl. 224 Seiten. DM 17,80

Vaske,   Übertragungsverhalten elektrischer Netzwerke
               3., überarbeitete Aufl. 164 Seiten. DM 15,80

Weber,   Laplace-Transformation für Ingenieure
               der Elektrotechnik
               3., überarbeitete und erweiterte Auflage
               205 Seiten. DM 15,80

Westermann,   Laser
               190 Seiten. DM 16,80

Preisänderungen vorbehalten